人力资源和社会保障部国家级规划教材
中高职贯通数字媒体专业（VR方向）
一体化教材

VR交互设计实用教程

张肖如　周剑平　刘　菁　编著

南京大学出版社

图书在版编目（ＣＩＰ）数据

VR 交互设计实用教程 / 张肖如 , 周剑平 , 刘菁编著
. -- 南京 : 南京大学出版社 , 2021.5
ISBN 978-7-305-24094-2

Ⅰ . ① V… Ⅱ . ①张… ②周… ③刘… Ⅲ . ①虚拟现
实—应用—人 - 机系统—系统设计—教材 Ⅳ . ① TP11

中国版本图书馆 CIP 数据核字（2020）第 257457 号

出版发行　南京大学出版社
社　　　址　南京市汉口路 22 号　　　邮　编　210093
出 版 人　金鑫荣

书　　　名　VR 交互设计实用教程
编　　著　张肖如　周剑平　刘　菁
责任编辑　刁晓静

照　　　排　南京新华丰制版有限公司
印　　　刷　南京凯德印刷有限公司
开　　　本　889×1194　1/16　印张 9.75　字数 260 千
版　　　次　2021 年 5 月第 1 版　2021 年 5 月第 1 次印刷
ISBN 978-7-305-24094-2
定　　　价　56.00 元

网址：http://www.njupco.com
官方微博：http://weibo.com/njupco
微信服务号：njuyuexue
销售咨询热线：（025）83594756

中高职贯通数字媒体专业（VR方向）一体化教材
编写委员会

前　言

　　虚拟现实的英文是Virtual Reality，通常简称为VR。虚拟现实技术以计算机技术为核心，融合了计算机图形学、多媒体技术、传感技术、光学技术、人机交互技术、立体显示技术、仿真技术等，旨在生成逼真的视觉、听觉、触觉、嗅觉一体化的具有真实感的三维虚拟环境。VR技术是继计算机、互联网和移动通信之后的又一次信息产业的革命性发展，已成为全球技术研发的热点，VR技术在中国已被列为重点发展的战略性新兴产业之一。

　　VR之所以受到广泛的关注，是因为它带来的逼真沉浸式体验让世界无法说不。虚拟现实的内容目标是追求体验的沉浸感，而这种沉浸感的实现，需要VR内容和交互方式共同配合来完成。VR技术正在颠覆着越来越多的行业，改变着我们的生活，甚至我们的世界。医疗、教育、旅游、军事、工业、航空航天等领域都受惠于VR产业。也许在未来，每一个行业都将受到VR的影响，每个人都会用VR，每个屏幕都将被VR所替代。

　　当下VR领域的公司正求贤若渴，但人才供应还是不足，整个VR行业人才缺口巨大。这些大大激发了广大学子学习VR技术以及很多院校开设这方面课程的热情。为了便于学生的学习以及高校相关课程的开设，作者编写了一本基于CINEMA 4D三维建模工具+Unity 3D开发引擎的虚拟现实交互设计实用型教材。本书最后一章选取了实际案例进行讲解，使读者从操作层面去深入了解和学习VR技术，找到进入VR领域的入口。

　　本书分为三大部分：

　　第一部分为VR引擎Unity，阐述了Unity基础、脚本程序基础、图形界面系统、物理引擎系统和Unity虚拟现实典型处理技术。

　　第二部分为虚拟现实3D建模，通过CINEMA 4D阐述了3D建模基础知识、三维贴图绘制和三维渲染等实用3D建模技术。

　　第三部分为一个综合开发案例，通过运用VR技术完成一个房地产样板房案例的制作来带领读者深入了解VR在实际领域中的具体应用，该部分可以作为课程最后的总结与提高，也可作为课程设计。

　　在本书的编写过程中，杭州楚沩教育科技有限公司、福建华渔教育科技有限公司及上海曼恒数字技术股份有限公司提供了大量案例及技术支持，在此表示衷心的感谢。由于编者水平有限，书中难免存在一些疏漏和不足之处，恳请大家在使用过程中批评与指正，以便我们修改完善。

编者

2021年4月

目　录

第一章　虚拟现实基础知识

项目目标：
（1）理解虚拟现实的概念
（2）掌握虚拟现实的基本特征
（3）了解虚拟现实的应用领域

虚拟现实概论

虚拟现实技术，又称"灵境技术""虚拟环境""赛伯空间"等，原来是美国军方开发研究出来的一种计算机技术，主要用于军事上的仿真，在美国军方内部使用。

一直到20世纪80年代末期，虚拟现实技术才开始作为一个较完整的体系受到人们极大关注。虚拟现实技术是20世纪以来科学技术进步的结晶，集中体现了计算机技术、计算机图形学、多媒体技术、传感技术、显示技术、人体工程学、人机交互理论、人工智能等多个领域的最新成果。它以计算机技术为主，利用计算机和一些特殊的输入/输出设备来营造出一个"看起来像真的、听起来像真的、摸起来像真的、嗅起来像真的、尝起来像真的"多感官的三维虚拟世界。

在这个虚拟世界中，人与虚拟世界可进行自然的交互，能实时产生与真实世界相同的感觉，使人与虚拟世界融为一体，即人们可以直接观察与感知周围世界及物体的内在变化，与虚拟世界中的物体进行自然的交互（包括感知环境并干预环境）。

虚拟现实从英文"Virtual Reality"一词翻译过来，"Virtual"的含义即这个世界或环境是虚拟的，不是真实的，是由计算机生成的，存在于计算机内部的世界；"Reality"的含义是真实的世界或现实的环境，把两者合并起来就称为虚拟现实，也就是说采用计算机等设备，并通过各种技术手段创建出一个新的环境，让人感觉如同处在真实的客观世界。

虚拟现实技术现在已成为信息领域中继多媒体技术、网络技术之后被广泛关注及研究、开发与应用的热点，也是目前发展最快的一项多学科综合技术。虚拟现实技术的发展与普及，有十分重大的意义。它改变了过去人与计算机之间枯燥、生硬、被动的交流方式，使人机之间的交互变得更为人性化，为人机交互接口开创了新的研究领域，为智能工程的应用提供了新的接口工具，为各类工程的大规模数据可视化提供了新的描述方法，也同时改变了人们的工作方式和生活方式，改变了人们的思想观念。虚拟现实技术已成为一门艺术、一种文化，深入我们的生活中。

21世纪，人类将进入虚拟现实的科技新时代，虚拟现实技术将是信息技术的代表，与多媒体技术、网络技术并称为三大前景最好的计算机技术。虚拟现实技术、理论分析、科学实验也已成为人类探索客观世界规律的三大手段。

虚拟现实简介

虚拟现实是一种逼真的视、听、触觉一体化的计算机生成环境，用户可以借助必要的装备以自然的方式与虚拟环境中的物体进行交互作用、相互影响，从而获得与亲临真实环境相同的感受和体验。

虚拟现实=Virtual + Reality

虚拟现实是虚拟化的、数字化的现实环境，它忠于现实，更可以超越现实！

虚拟现实技术（Virtual Reality）简称VR技术，是20世纪末逐渐兴起的一门综合性信息技术，融合了数字图像处理、计算机图形学、人工智能、多媒体、传感器、网络以及并行处理等多个信息技术分支的最新发展成果。

- 1929年，Edward Link设计出用于训练飞行员的模拟器。

- 1956年，Morton Heilig开发出多通道仿真体验系统Sensorama。

- 1972年，Nolan Bushnell开发出第一个交互式电子游戏Pong。

- 1977年，Dan Sandin、Tom DeFanti和Rich Sayre研制出第一个数据手套——Sayre Glove。

- 1984年，NASA Ames研究中心的M.McGreevy 和J.Humphries开发出用于火星探测的虚拟环境视觉显示器。

- 1987年，Jim Humphries设计了双目全方位监视器（BOOM）的最早原型。

- 1990年，在美国达拉斯召开的SIGGRAPH会议为VR技术的发展确定了研究方向，明确提出VR技术研究的主要内容包括：实时三维图形生成技术、多传感器交互技术、高分辨率显示技术。

- 从20世纪90年代开始，VR技术的研究热潮也开始向民间的高科技企业转移。著名的VPL公司开发出的第一套传感手套命名为"DataGloves"，第一套HMD命名为"EyePhones"。

- 进入21世纪后，VR技术更是进入软件高速发展的时期，一些有代表性的VR软件开发系统不断在发展完善，如MultiGen Vega、OpenSceneGraph、Virtools等。

虚拟现实的基本特征简介

从本质上说，虚拟现实就是一种先进的计算机用户接口，它通过给用户提供视、听等直观而又自然的实时感知，最大限度地方便用户操作，从而减轻用户的负担，提高整个系统的工作效率。虚拟现实技术主要具有以下四个重要特征。

- 多感知性

多感知性指虚拟现实除了具有视觉感知外， 还包括听觉感知等。

- 沉浸感

沉浸感是指用户感受作为主角存在于模拟环境中的真实程度。理想的模拟环境应该达到使用户难辨真假的程度。

- 交互性

交互性是指用户对虚拟环境内物体的可操作程度和从环境得到反馈的自然程度（包括实时性）。

- 自主性

自主性是指虚拟环境中物体依据物理定律进行动作的程度。虚拟现实系统的关键技术主要由动态环境建模技术、实时三维图形生成技术、立体显示、传感器技术、应用系统开发工具和系统集成技术等方面组成。其中动态环境建模技术的目的是根据应用的需要获取实际环境的三维数据， 并利用获取的三维数据建立相应的虚拟环境模型；实时三维图形生成技术的关键是实现"实时"生成；立体显示和传感器技术是虚拟现实中实施交互能力的关键。

图1-1　虚拟现实概念图

虚拟现实的应用领域简介

虚拟现实系统能够再现真实的环境，并且人们可以介入其中参与交互，因此可以在许多方面得到广泛应用。随着各种技术的深度融合，相互促进，虚拟现实技术在教育、军事、工业、艺术与娱乐、医疗、城市仿真、科学计算可视化等领域的应用都有极大的发展。

● 教育与训练

虚拟现实技术能使学习者直接、自然地与虚拟对象进行交互，以各种形式参与事件的发展变化过程，并获得最大的控制和操作整个环境的自由度。应用领域包括仿真教学与实验、特殊教育、多种专业训练、应急演练和军事演习等。

● 设计与规划

虚拟现实已被看作是设计领域中唯一的开发工具。它可以避免传统方式在原型制造、设计和生产过程中的重复工作，有效地降低成本，应用领域包括汽车制造业、城市规划、建筑设计等。

● 科学计算可视化

科学计算可视化的功能就是将大量字母、数字数据转换成比原始数据更容易理解的各种图像，并允许参与者借助各种虚拟现实输入设备检查这些"可见的"数据。它通常被用于建立分子结构、地震以及地球环境等模型。

● 商业领域

VR技术被逐步应用于网上销售、客户服务、电传会议及虚拟购物中心等商业领域。例如，在使用VR技术进行购物时，它可以使客户在购买前先看到产品的外貌与内在，甚至在虚拟世界中使用它，因此对产品的推广和销售都很有帮助。

● 艺术与娱乐

VR技术所具有的身临其境感及实时交互性还能将静态的艺术（如油画、雕刻等）转化为动态的形式，使观赏者更好地欣赏作者的思想艺术，包括虚拟画廊、虚拟音乐厅、文物保护等方面。

娱乐是VR系统的另一个重要应用领域，市场上已经推出了多款VR环境下的电脑游戏，带给游戏者强烈的感官刺激。

虚拟现实的技术实现

VR全景解决方案虚拟现实技术是如何运作的？虚拟现实有三个独立的步骤：

第一步，追踪。例如，利用头盔式显示器追踪一个人在现实世界中的运动轨迹，当他（她）走动时，我们可以追踪到他（她）的位置，不断测量他（她）在物理世界中的运动轨迹。

第二步，透视投影。这个词指的是重新绘制一个场景，并利用计算机图像将抽象信息从代码转化为有形的显示单元（如像素）。

第三步，展示。当他（她）处于新位置时，我们可以改变他（她）眼中看到的信息，耳中听到的声音，有时候我们还会做出虚拟接触效果改变他（她）的手的位置，偶尔也会做出虚拟嗅觉。大脑的前部会告诉他（她）这不是真实的场景，而大脑后部却会说这是真的。

图1-2　虚拟现实设备操作场景

小结与训练

小结：

　　学习完本章之后可以对虚拟现实技术的基本概念、基本特征、应用领域和技术实现有一个宏观的了解，主要掌握虚拟现实的基本概念和技术特征，领会虚拟现实的关键实现技术，为同学们后期学习本课程奠定知识和兴趣基础。

思考题：

　　1.虚拟现实的概念和简写是什么？

　　2.虚拟现实技术的基本特征是什么？

　　3.虚拟现实实现的关键技术是什么？

第二章　Unity快速入门

项目目标：

（1）掌握集成开发环境的搭建
（2）熟悉Unity编辑器界面及基本操作
（3）理解游戏对象、组件和预设体之间的关系
（4）掌握组件添加以及预设体创建的方法

配套微课 拓展资源

Unity简介

Unity是由Unity Technologies公司开发的一个让开发者轻松创建诸如三维视频游戏、建筑可视化、实时三维动画等类型互动内容的专业跨平台游戏开发及虚拟现实引擎，它提供给游戏开发者一个可视化编辑的窗口，给开发者提供了一个多元化的开发平台来创作出精彩的游戏和虚拟仿真内容。作为一款国际领先的专业游戏引擎，Unity简洁、直观的工作流程，功能强大的工具集，使游戏开发周期大幅度缩短。通过3D模型、图像、视频、声音等相关资源的导入，借助Unity相关场景构建模块，用户可以轻松实现对复杂虚拟现实世界的创建。

任务截图

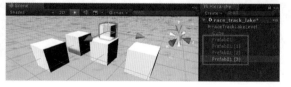

任务一：集成开发环境搭建

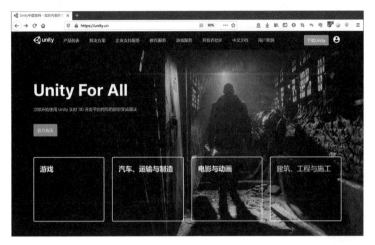

图2-1　登录Unity中国官网

图2-2　下载Hub

搭建Unity集成开发环境需要下载和安装Unity软件，Unity发布了两种类型的安装包，分别针对Windows和Mac两个主流平台，用户可以根据自己的计算机系统选择相应的安装包。

在安装Unity之前可先下载和安装Unity Hub工具。Unity Hub提供安装和管理多个不同的Unity版本的功能，能简化下载、查找和卸载，更方便地进行Unity项目管理。

先用浏览器登录Unity中国官网https://unity.cn/，界面如图2-1所示。

单击右上角的"下载Unity"按钮，在打开的界面中找到Unity 2017.4.40f1版本。

单击"从Hub下载"按钮，下载Hub安装程序，如图2-2所示，完成下载后，双击运行安装程序。

先选择Hub的安装路径，点击"安装"，整个过程和安装结束后的运行界面如图2-3所示。

图2-3　Unity Hub的安装过程和运行界面

STEP2：Unity下载、安装

点击运行进入Unity Hub，目前里面是空的，没有任何版本的Unity，我们需要接着安装Unity，我们回到图2-2所示的官网界面，单击"下载（win）"按钮来下载Unity软件，如图2-4所示。

双击下载的安装包打开进入安装界面如图2-5所示。

点击"Next"按钮进入License Agreement窗口，阅读协议内容确认无误后勾选I accept the terms of the License Agreement，如图2-6所示。

单击"Next"按钮进入Choose Components(组件选择)窗口，不同版本之间这个界面可能略有不同，根据自己的需求选择需要安装的组件，我们这里默认勾上了Unity，如图2-7所示。

单击"Next"按钮进入选择安装路径窗口，如图2-8所示，在该窗口指定程序安装的路径，再单击"Next"按钮开始安装程序，如图2-9所示。等待一段时间后安装完成，屏幕将显示安装完成提示窗口，如图2-10所示，点击"Finish"按钮完成Unity的安装。

图2-4　下载Unity的Windows安装包

图2-5　Unity安装界面　　　　图2-6　协议许可窗口

图2-7　组件选择窗口　　　　图2-8　选择安装路径窗口

图2-9　安装界面　　　　图2-10　安装完成界面

图2-11　添加已安装的Unity　　　图2-12　找到已安装的Unity路径

图2-13　在Hub中完成Unity的添加

图2-14　申请Unity ID　　　　　图2-15　账号注册界面

图2-16　发送确认邮件　　　　　图2-17　确认邮件

图2-18　人机身份验证　　　　　图2-19　账号注册完成

安装好Unity后，回到Unity Hub界面点击"添加已安装版本"，如图2-11所示。在弹出的窗口中点选已经安装的Unity.exe。Unity安装路径→Editor→Unity.exe如图2-12所示，完成添加后如图2-13所示。

STEP3：Unity注册、登录

第一次使用需要登录，如果已有Unity ID则可以直接输入邮箱。

如果没有则先注册一个：打开Unity Hub，点击右上角的Unity ID，点击登录，弹出的Unity Hub Sign In窗口，我们点击"电子邮件登录"，如图2-14所示，点击"注册"，弹出如图2-15所示的对话框，输入相应的信息后勾选"我已仔细阅读并接受Unity用户使用协议和隐私政策"复选框，单击"立即注册"按钮。此时系统会让用户选择去指定的邮箱进行验证。系统会自动发送激活邮件到刚才填写的邮箱地址，如图2-16所示。进入邮箱后点击确认该邮件，如图2-17所示。

确认邮件后会弹出人机身份验证对话框，如图2-18所示，按照提示完成验证。图2-19所示的是注册成功后的账号的全部信息，到了这一步表明Unity ID已经完成注册。

如图2-20所示，打开Unity Hub用注册的账号进行登录。首次需要更新业务信息如图2-21所示，选择对应的职业、机构和行业。然后通过绑定手机完成最终的验证，如图2-22所示。

图2-20 登录账号

图2-21 首次登录信息填入　　　图2-22 手机验证码

任务二：认识Unity编辑器

STEP1：新建Unity项目

打开Unity Hub，点击右上角的"新建"按钮，选择用2017.4.40c1版本Unity创建一个新工程，项目命名为"Test"，设置保存位置，选择3D选项。如图2-23所示，最后单击"创建"按钮，完成项目创建并进Unity集成开发环境如图2-24所示，Unity界面包含菜单栏、工具栏、场景视图、游戏视图、层级视图、项目视图和检视视图。

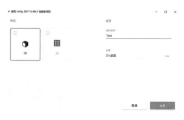

图2-23 创建项目

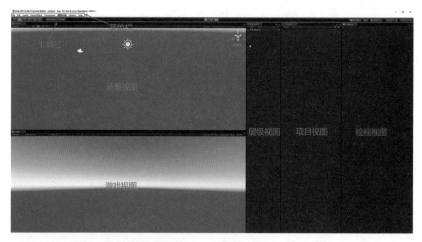

图2-24 Unity编辑界面

提示

Asset Store拥有来自全球各地的开发者丰富的资源，包含了大量的模型、动作、声音、脚本等素材资源，甚至整个项目工程。

图2-25　Asset Store窗口

图2-26　筛选指定资源

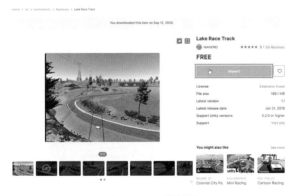

图2-27　下载资源

图2-28　Import Unity Package　　图2-29　Unity 场景

STEP2：从资源商城导入资源

为了便于演示操作相关工具的使用，需要有实际游戏对象，因此先到在线资源商城（Asset Store）下载一个资源素材。

Unity中点击菜单Window→Asset Store进入在线商城（需联网），默认情况下是英文显示的，右上角可选择切换为简体中文，如图2-25所示。

进入Asset Store窗口后，在右侧的分类目录中可以快速地寻找想要的资源。依次单击3D→Templates→Tutorials，把Free Assets和Unity 2017.x都勾上，如图2-26所示，选择Lake Race Track资源，单击"下载"按钮下载该工程，如图2-27所示。下载完成，系统会自动弹出Import Unity Package对话框，如图2-28所示，点击左下角的"Alt"按钮，再单击"Import"按钮，将场景载入当前工程中。

在Project视图中展开Assets→race-track-lack文件夹，双击"race_track_lake"载入新导入的游戏场景，如图2-29所示。

013

STEP3：认识菜单栏

菜单栏包含了Unity的所有功能，学习菜单栏可以对Unity各项功能有直观而清晰的了解，Unity 2017菜单栏中包含：

（1）File：文件菜单，主要包含工程与场景的创建、保存和输出等功能，如图2-30所示。

（2）Edit：编辑菜单，主要用来实现场景内部相应的编辑和设置，如图2-31所示。

（3）Assets：资源菜单，提供用户管理游戏的相关工具，可创建场景内部游戏对象，导入和导出所需要的资源包等，如图2-32所示。

（4）GameObject：游戏对象菜单，主要用于创建3D、2D、灯光、粒子等游戏对象，如图2-33所示。

（5）Component：组件菜单，提供多种常用组件资源，可实现游戏对象的特定属性，如图2-34所示。

（6）Window：窗口菜单，既可以控制编辑器的界面布局，也能打开各种视图以及Unity在线商城，如图2-35所示。

（7）Help：帮助菜单，汇聚了如Unity手册、脚本参考、论坛等相关资源链接，如图2-36所示。

New Scene	Ctrl+N
Open Scene	Ctrl+O
Save Scenes	Ctrl+S
Save Scene as...	Ctrl+Shift+S
New Project...	
Open Project...	
Save Project	
Build Settings...	Ctrl+Shift+B
Build & Run	Ctrl+B
Exit	

图2-30　File菜单

Create	>
Show in Explorer	
Open	
Delete	
Open Scene Additive	
Import New Asset...	
Import Package	>
Export Package...	
Find References In Scene	
Select Dependencies	
Refresh	Ctrl+R
Reimport	
Reimport All	
Extract From Prefab	
Run API Updater...	
Open C# Project	

图2-32　Assets菜单

Add...	Ctrl+Shift+A
Mesh	>
Effects	>
Physics	>
Physics 2D	>
Navigation	>
Audio	>
Video	>
Rendering	>
Tilemap	>
Layout	>
Playables	>
AR	>
Miscellaneous	>
Analytics	>
Scripts	>
Event	>
Network	>
XR	>
UI	>

图2-34　Component菜单

About Unity...	
Manage License...	
Unity Manual	
Scripting Reference	
Unity Services	
Unity Forum	
Unity Answers	
Unity Feedback	
Check for Updates	
Download Beta...	
Release Notes	
Software Licenses	
Report a Bug...	
Troubleshoot Issue...	

图2-36　Help菜单

Undo	Ctrl+Z
Redo	Ctrl+Y
Cut	Ctrl+X
Copy	Ctrl+C
Paste	Ctrl+V
Duplicate	Ctrl+D
Delete	Shift+Del
Frame Selected	F
Lock View to Selected	Shift+F
Find	Ctrl+F
Select All	Ctrl+A
Preferences...	
Modules...	
Play	Ctrl+P
Pause	Ctrl+Shift+P
Step	Ctrl+Alt+P
Sign in...	
Sign out	
Selection	>
Project Settings	>
Graphics Emulation	>
Network Emulation	>
Snap Settings...	

图2-31　Edit菜单

Create Empty	Ctrl+Shift+N
Create Empty Child	Alt+Shift+N
3D Object	>
2D Object	>
Effects	>
Light	>
Audio	>
Video	>
UI	>
Camera	
Center On Children	
Make Parent	
Clear Parent	
Apply Changes To Prefab	
Break Prefab Instance	
Set as first sibling	Ctrl+=
Set as last sibling	Ctrl+-
Move To View	Ctrl+Alt+F
Align With View	Ctrl+Shift+F
Align View to Selected	
Toggle Active State	Alt+Shift+A

图2-33　GameObject菜单

Next Window	Ctrl+Tab
Previous Window	Ctrl+Shift+Tab
Layouts	>
LPR Settings	
Services	Ctrl+0
Scene	Ctrl+1
Game	Ctrl+2
Inspector	Ctrl+3
Hierarchy	Ctrl+4
Project	Ctrl+5
Animation	Ctrl+6
Profiler	Ctrl+7
Audio Mixer	Ctrl+8
Asset Store	Ctrl+9
Version Control	
Collab History	
Animator	
Animator Parameter	
Sprite Packer	
Tile Palette	
Experimental	>
Holographic Emulation	
Test Runner	
Timeline	
Lighting	>
Occlusion Culling	
Frame Debugger	
Navigation	
Physics Debugger	
Console	Ctrl+Shift+C

图2-35　Window菜单

提示

增强版功能：专门定制的适合中国市场的功能，如更好的性能测试工具，更接地气的远程构建工具，有效解决安装包安全加密问题等。

图2-37　变换工具

图2-38　变换辅助工具

图2-39　播放控制工具具

图2-40　协作管理工具

图2-41　分层和布局下拉列表

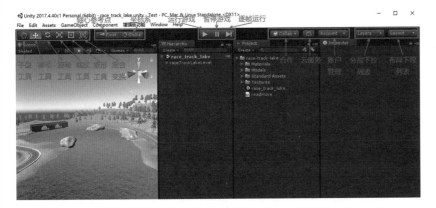

图2-42　工具栏详细说明

提示

轴心参考点有两个值：Center和Pivot，Center为以所有选中物体所组成的
轴心作为轴心参考点，Pivot为以最后选中的物体的轴心作为参考点。

图2-43　分层下拉列表

图2-44　布局下拉列表

提示

分层下拉列表用于控制游戏对象在Scene视图中的显示与隐藏。布局下拉列
表用于切换视图的布局，用户也可以存储自定义的布局。

STEP4：认识工具栏

Unity工具栏位于菜单栏的
下方，提供了常用功能的快捷访
问方式。

如图2-37所示为变换工具，
变换工具主要针对Scene视图，
用于实现对所选的游戏对象的位
移、旋转以及缩放等操作。如图
2-38所示为变换辅助工具。如
图2-39所示为播放控制工具，主
要用来预览游戏。如图2-40所
示为协作管理工具。如图2-41
所示为分层下拉列表和布局下拉
列表。图2-42为工具栏详细说
明：

变换工具从左到右依次是手
型工具、移动工具、旋转工具、
缩放工具、矩形工具和混合变换
工具。

变换辅助工具从左到右依次
表示游戏对象轴心参考点和物体
坐标系。

播放工具从左到右依次为运
行游戏、暂停游戏和逐帧运行游
戏。

协作管理工具从左到右为合
作、云服务和账户管理。

分层下拉列表和布局下拉列
表如图2-43和图2-44所示。

手型工具，快捷键为Q。该模式下可在Scene视图中按住鼠标左键来平移场景。选中手型工具后，在Scene视图中按住Alt键鼠标左键拖动旋转当前场景视角，如图2-45所示，此外按住鼠标右键拖动也可以实现同样效果。选中手型工具后，在Scene视图中按住Alt键并右键拖动可以缩放场景，如图2-46所示。此外，使用鼠标滚轮也可实现同样效果。

移动工具，快捷键为W。该模式下可在Scene视图中移动游戏对象。先选中一块石头，此时石头上会出现三个方向的箭头的三维坐标，红色代表X轴，绿色代表Y轴，蓝色代表Z轴，如图2-47所示。单击某个箭头则该箭头高亮，按下鼠标左键拖动游戏对象，则该对象沿此轴方向移动，轴心点处有三个方块表示三个平面，单击某方块则该方块高亮显示，按下鼠标左键拖动，则游戏对象在此平面移动。

旋转工具，快捷键为E。该模式下可在Scene视图中按任意角度旋转游戏对象，如图2-48所示，操作方法与移动工具类似。

图2-45　旋转场景视角

图2-46　缩放场景

图2-47　移动游戏对象

图2-48　旋转游戏对象

图2-49　缩放游戏对象

图2-50　矩形工具

图2-51　混合变换工具（平移、旋转和缩放）

缩放工具，快捷键为R。该模式下可在Scene视图中缩放游戏对象，如图2-49所示，操作方法与移动工具类似。选中各个轴则沿该轴缩放，选中中间灰色的方块则将游戏对象在三个轴上进行统一缩放。

矩形工具，快捷键为T。该模式下允许用户查看和编辑2D或3D游戏对象的矩形手柄。对于2D游戏对象，可以按住Shift键进行等比例缩放。如图2-50所示。

混合变换工具，快捷键为Y。该模式就是平移、旋转和缩放汇总，开启后可同时显示平移、旋转和缩放工具。如图2-51所示。

STEP5：认识场景视图

场景（Scene）视图用来构造游戏场景，用户在该视图中能对游戏对象进行操作。作为所有视图中被操作最频繁的一项，Unity也为它提供了很多快捷操作。场景视图中常用快捷操作的汇总如图2-52所示。

场景视图右上角是场景辅助工具（Scene Gizmo），用它可快速将摄像机的视角切换到预设的视角，如图2-53所示，单击其每个箭头都能改变场景视角，例如顶视图（Top）、前视图（Front）和左视图（Left）等。如图2-54所示，也可通过鼠标右击下方文字弹出的列表来切换视角。

在场景视图的上方是场景视图控制栏，如图2-55所示，可改变摄像机查看场景的方式比如绘图模式、2D/3D场景视图切换、场景光照和场景特效等。其最右边是搜索栏，在搜索栏中搜索到的游戏对象会以带颜色的方式显示，其他对象以灰色显示，搜索结果也同时在层级（Hierarchy）视图中显示，如图2-56所示。

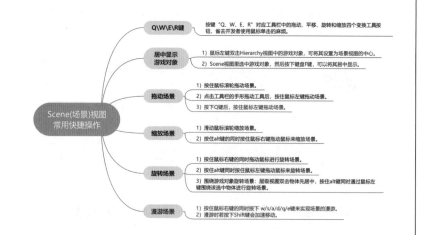

图2-52　场景视图的快捷操作

图2-53　场景辅助工具

图2-54　辅助场景工具下拉列表

图2-55　场景视图控制栏

提示

Scene Gizmo：鼠标左击中间方块或下方文字可在等角投影模式和透视模式间切换。单击右上角小锁可锁定场景视角，再次单击解除锁定。

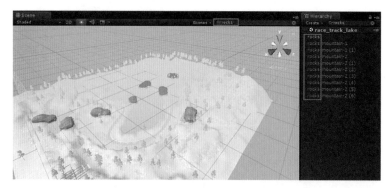

图2-56　游戏对象搜索结果

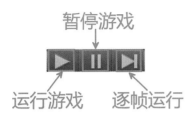

暂停游戏

运行游戏　　逐帧运行

图2-57　播放控制工具详解

视图显示比例　　　　　　　　　　运行时最大化　　显示游戏运行状态

分屏设置　　　　　视图缩放滑动条　　　　　　静音开关　　Gizmos
　　　　　　　　　　　　　　　　　　　　　　　　　　　下拉列表

图2-58　游戏视图控制栏

提示

在预览模式下，用户可继续编辑游戏，可在游戏视图中实时看到编辑后的修改效果，但所有的修改在退出预览模式后都会自动还原。

图2-59　游戏运行参数显示

提示

通过单击游戏视图控制栏上的Gizmos符号可以在下拉列表中选择显示或隐藏场景中的灯光、声音、相机等游戏对象。

STEP6：认识游戏视图

游戏（Game）视图是显示游戏最终运行效果的预览窗口。单击工具栏中的"运行游戏"按钮，即可在该视图中进行游戏实时预览，方便游戏的调试和开发。这里还可以显示游戏过程中CPU和内存等占用情况。

游戏视图与工具栏中的播放控制工具有直接的关系，如图2-57所示，三个按钮分别如下：

运行游戏。单击该键，编辑器会激活游戏视图，再次单击则退出运行模式。

暂停游戏。用来暂停游戏，再次按下该键可以让游戏从暂停的地方继续运行。

逐帧运行。用于逐帧运行播放的游戏，可以按帧来运行游戏，方便用户查找游戏存在的问题。

游戏视图顶部是游戏视图控制栏，用于控制游戏视图中显示的属性，例如屏幕显示比例、当前游戏运行的参数显示等，如图2-59所示。

019

STEP7: 认识项目视图

　　项目（Project）视图是整个项目工程的资源汇总，它保存了游戏场景中用到的脚本、材质、字体、贴图、外部导入的网格模型等资源文件。视图左侧面板是显示该工程的文件夹层级结构，当某个文件夹被选中后，会在右侧面板中显示该文件夹中所包含的资源内容，不同的资源类型都有相应的图标来标识，如图2-60所示。

　　每个Unity项目文件夹都包含一个Assets文件夹，它用来存放用户所创建的对象和导入的资源，这些资源是以文件夹的方式来组织的。其中项目视图对应的就是Assets文件夹中的内容。

　　项目中可能有成千上万的资源文件，如果逐个寻找有时难以定位某个文件，此时用户可以在搜索栏中输入要搜索的资源名称，从而快速查找需要的资源，如图2-61所示。也可以同时搜索Asset Store上的资源，如图2-62所示。

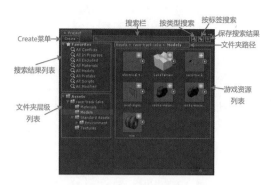

图2-60　项目视图详细说明

提示

　　用户可以直接将资源拖入项目视图中或者选择菜单栏的Assets→Import New Asset命令来将资源导入到当前的项目中。

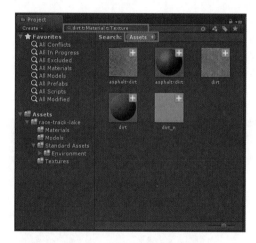

图2-61　项目视图搜索资源

图2-62　在Asset Store中搜索资源

提示

　　在搜索结果中单击Asset Store选项即可在资源列表中显示Asset Store的搜索结果，搜索结果被分为免费资源和付费资源两大类。

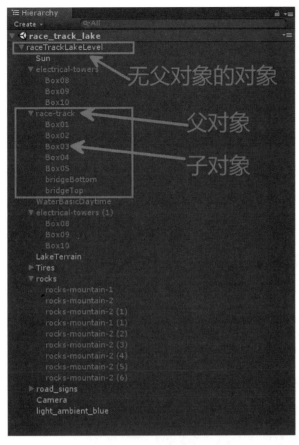

图2-63　层级视图详细说明

层级（Hierarchy）视图用来显示当前场景中的所有游戏对象，如图2-63所示。

在层级视图中提供了父子化（Parenting）关系，为游戏对象建立父子关系，可以使多个游戏对象的移动和编辑变得更为方便和精确。任何游戏对象都可以有多个子对象，但只能有一个父对象。如图2-63所示，在层级视图左侧带有箭头的都是父对象。用户选择一个对象，按住鼠标右键把它拖到另一个对象的内部，则它就成了该对象的子对象，父对象前边会出现一个可折叠的箭头，虽然在场景视图中提供了非常直观的场景资源编辑和管理功能，但场景视图中游戏对象容易重叠或遮挡。这时就需要在层级视图中进行操作，而文字显示方式，更易于用于对游戏对象的管理。

层级视图中的Create下拉菜单也可以用于创建游戏对象，如图2-64所示。

提示

父对象的操作都会影响到子对象；

子对象可以对自身进行独立操作，不影响父对象。

图2-64　创建游戏对象列表

STEP9：认识检视视图

检视（Inspector）视图用于显示游戏场景中当前选择的游戏对象的详细信息和属性设置，包括对象的名称、标签、位置、旋转、缩放以及组件等，如图2-65所示。

使用检视视图可以检查游戏对象：可以查看和编辑Unity Editor中几乎所有内容的属性和设置，以及Editor内的设置和偏好设置。

使用检视视图可以检查资源：在项目视图中选择资源后，检视视图将显示导入资源和在运行时使用该资源的设置方法。

使用检视视图可以检查脚本变量：当游戏对象附加了自定义脚本组件时，检视视图会显示该脚本的公共变量。可以像编辑Editor的内置组件的设置一样将这些变量作为设置进行编辑。这意味着可以轻松地在脚本中设置参数和默认值，而无须修改任何代码。

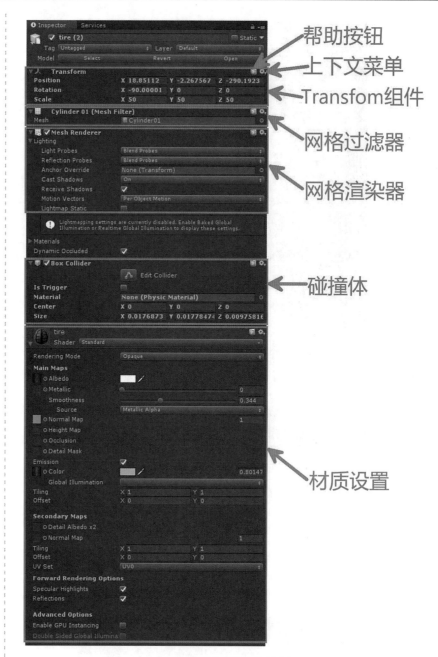

帮助按钮
上下文菜单
Transfom组件
网格过滤器
网格渲染器
碰撞体
材质设置

图2-65　检视视图详细说明

提示
在层级或场景视图中选择游戏对象时，检视视图将显示该游戏对象的所有组件和材质的属性，可以编辑这些组件和材质的设置。

任务三：认识游戏对象、组件和预设体

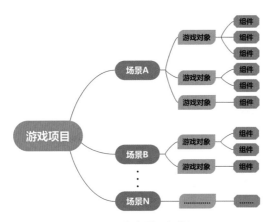

图2-66　游戏项目架构图

每个游戏包含一个到多个场景。每个场景包含一个到多个游戏对象（GameObject）。每个游戏对象包含一个到多个组件（Component），如图2-66所示。

提示

Unity通过组件进行开发，游戏对象的信息都是以组件的方式存在，不同的组件有不同的功能，操作游戏对象也是通过操作对应组件实现的。

层级视图→Create菜单→3D Object→Cube。先重置Cube坐标如图2-67所示，场景中选中Cube如图2-68所示，可在检视视图中查看其属性，如图2-69所示。

图2-67　Reset Cube坐标

图2-68　重置后位于场景原点的Cube对象

表2-1　常用组件及作用

组件	作用
Rigidbody刚体	刚体可以通过接受力与扭矩，使物体能在物理控制下运动
Collider碰撞体	让游戏对象具有一个碰撞边界，它和刚体一起来使碰撞发生
Renderer渲染器	使物体显示在屏幕上
Particle System粒子系统	用于创作烟雾、气流、火焰、瀑布、喷泉、涟漪等效果
AudioSource音频源	在场景中播放音频剪辑
Animation动画	播放动画，可以将指定动画剪辑到动画组件并用脚本控制播放
Animator动画控制器	声明一个Animator控制器，用来设置角色上的行为
Scripts脚本	用于添加到游戏对象上以实现各种交互操作及其他功能

游戏对象想实现什么功能，只需添加对应的组件，常用组件见表2-1，单击图2-69中的"Add Component"按钮或用菜单栏的Component都可添加组件。菜单栏Component→Physics→Rigidbody，刚体组件就会出现在检视视图，如图2-70所示。游戏对象中的组件信息都可在检视视图中查看。

图2-69　Cube默认组件

图2-70　添加Rigidbody组件

STEP4：创建预设体

预设体（Prefabs）是一种存储在项目视图中的一种可反复使用的资源（游戏对象）。预设体能被放到多个场景中，也能在同一个场景中被放置多次。

如图2-71所示，点击Assets文件夹→菜单Assets→Create→Folder命令，将创建的文件夹命名为Prefabs。如图2-72所示，选中该文件夹→菜单Assets→Create→Prefab命令，新创建空（白色）预设体命名为Prefab01。如图2-73所示，选中Cube→鼠标左键拖拽到Prefab01后，该预设体和原对象名字颜色都变蓝色。表示已完成预制体制作，如图2-74所示。

STEP5：使用预设体

在Prefabs文件夹下，将预设体Prefab01拖放到场景视图或层级视图，就创建了一个实例，该实例与原预设体是关联的，修改原预设体也会同步修改实例。也可以拖动创建多个实例到场景中，如图2-75所示。

图2-71　创建Prefabs文件夹

图2-72　创建空白Prefab

图2-73　填充Prefab

图2-74　Prefab缩略图

图2-75　使用Prefabs

提示

将层级视图中的对象直接拖拽到项目视图中的Prefabs文件夹，可快速地将其制作成预设体。

小结与训练

小结：

　　学完本章你是否对Unity软件有所了解？通过搭建Unity集成开发环境，熟悉其界面及基本操作，理解游戏对象和组件以及它们之间的关系，掌握常用组件。希望同学们可以多加练习以熟悉软件的操作流程。

思考题：

　　1.场景视图和游戏视图的关系是什么？
　　2.层级视图和项目视图的区别是什么？
　　3.遇到什么情况需要制作预设体？

训练题：

　　1.参照Cube预设体的创建，制作Sphere预设体。
　　2.搭建一个简单三维场景，要求场景中有一堵墙和一个由方块和球体组成的简易机器人。

第三章 "建模基础" ——初识C4D

项目目标:

(1) 熟悉C4D操作界面与软件流程
(2) 熟悉并掌握C4D建模流程
(3) 熟悉并掌握C4D材质制作流程
(4) 熟悉并掌握C4D灯光渲染流程

简介

Cinema 4D（C4D）是由德国Maxon Computer公司开发的3D绘图软件，以高效的建模和强大的渲染能力著称。C4D应用领域也非常广泛，在广告、电影、工业设计等方面都有出色的表现。

本章为C4D软件的入门学习，将着重学习C4D软件的基础功能及基本工具的应用。通过工具栏、菜单栏和绘图参数属性等一系列工具菜单的演示及阐述，掌握C4D软件的基础功能及应用，给高级三维建模打下基础。

配套微课　拓展资源

任务截图

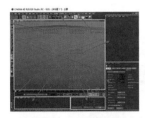

任务一：认识界面

图3-1 操作界面

CINEMA 4D R20.026 Studio (RC - R20) - [未标题 1 *] - 主要

图3-2 标题栏

图3-3 菜单栏

STEP1：菜单与界面

安装Cinema 4D R20后，双击C4D图标启动软件，首先出现的就是操作界面，如图3-1所示。

启动后，可以看到Cinema 4D R20的初始界面由标题栏、菜单栏、工具栏、编辑模式工具栏、"对象"管理器、"属性"管理器、绘图区、动画编辑栏和状态栏等区域组成。

标题栏：显示软件版本的名称和当前工程的文件名称，如图3-2所示。

菜单栏：菜单栏和大多数软件类似，是在软件顶部有一排文字归类的菜单，点击文字弹出相应的下拉菜单选项。如果需要调整菜单栏布局，点击弹出菜单顶部可解锁菜单栏，将其独立显示。在菜单栏中如果工具后面带有黑色小箭头符号，则表示该工具拥有子菜单，可点击显示，如图3-3所示。

图3-4 工具栏

图3-5 小黑三角形对应的工具组

图3-6 撤销与重复按钮

图3-7 工具集

STEP2：工具栏介绍

工具栏包含常用功能和命令的快捷图标。默认情况下C4D分成顶部工具栏和侧面工具栏。也可以通过工具栏顶部解锁自由拖动组合界面布局，如图3-4所示。

如遇工具栏显示不完整的情况，只需在工具栏的空白处，待光标变为手形状后单击鼠标左键通过左右拖动即可显示。

若工具栏中标右下角有小黑三角形图标，单击图标不放即可显示相应的工具组，如图3-5所示。

工具栏最左侧的是撤销与重复按钮，撤销快捷键为Ctrl+Z和Ctrl+Y，如图3-6所示。

下面是选择工具集。包含四个工具，分别为：实时选择工具；框选工具；套索选择工具；多边形选择工具，如图3-7所示。

移动工具：激活该工具后，模型上会出现一个三维坐标轴，其中红色代表X轴，绿色代表Y轴，蓝色代表Z轴。如在绘图区的空白处单击鼠标左键并进行拖拽，可将模型移动到三维空间的任何位置；如果将鼠标光标指向某个轴向，则该轴将会变为黄色，同时模型也被锁定为只能沿着该轴进行移动，工具栏中的工具被激活后会呈高亮显示，如图3-8所示。

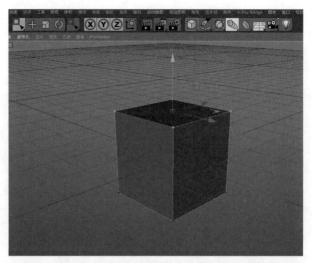

图3-8　移动工具

缩放工具：当激活缩放工具时，在模型的三个轴向上会出现3个黄点，拖动某个轴向上的黄点可以使模型沿着该轴向进行缩放，也可在空白区域拖动鼠标进行等比缩放，如图3-9所示。

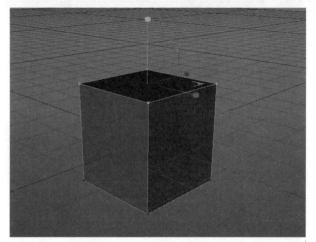

图3-9　缩放工具

旋转工具：旋转工具用于控制模型的旋转。激活该工具后，在模型上将会出现一个球形的旋转控制器，旋转控制器上的三个圆环分别控制模型的X、Y、Z轴，如图3-10所示。

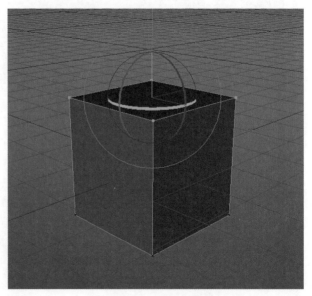

图3-10　旋转工具

图3-11　XYZ轴锁定工具

图3-12　创建几何体工具组

图3-13　样条线工具组

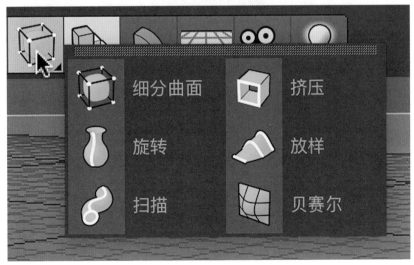

图3-14　细分曲面工具组

左侧三个为：XYZ轴锁定工具。这三个工具默认为激活状态，点选不激活后该轴向就会被锁定。最后一个为：坐标系统工具。该工具用于切换坐标系统，默认为对象坐标系统，单击后将切换为世界坐标系统，如图3-11所示。

创建几何体工具组：该工具组中的工具用于创建一些基本几何体，用户也可以对这些几何体进行变形，从而得到更复杂的形体，如图3-12所示。

样条线工具组：使用该工具组中的工具可以绘制基本的样条线，也可以绘制任意形状的样条线，如图3-13所示。

细分曲面工具组：细分曲面工具组（NURBS建模）具体工具如图3-14所示。

造型工具组：造型工具组是
C4D R20中非常常用的工具组，可
以通过阵列、实例、布尔等工具
来完成模型的制作，如图3-15所
示。

变形器工具组：变形器工
具组也是非常常用的建模辅助工
具，在实际应用中，扭曲、FFD、
倒角等都是常用的变形器工具，
如图3-16所示。

场景工具组：该工具组中的
工具用于创建场景中的地面、天
空、背景对象，如图3-17所示。

图3-15　造型工具组

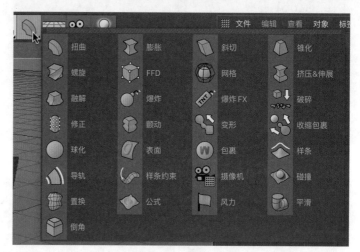

图3-16　变形器工具组

图3-17　场景工具组

任务二：认识编辑工具

图3-18 编辑模式工具栏

编辑模式工具栏位于界面的最左侧，可以在这里切换不同的编辑模式，如图3-18所示。

转为可编辑对象：可以将模型转换为可编辑多边形，进而可采用多边形编辑模型。

模型工具：单击该工具将进入模型编辑模式。

纹理工具：单击该工具进入编辑当前被激活的纹理。

点工具：单击进入点编辑模式，用于点元素编辑，被选择的点会呈高亮显示。

边工具：单击进入边编辑模式，用于对象上的边进行编辑，被选择的边会呈高亮显示。

面工具：单击进入面编辑模式，用于对面元素进行编辑，被选择的面会呈高亮显示。

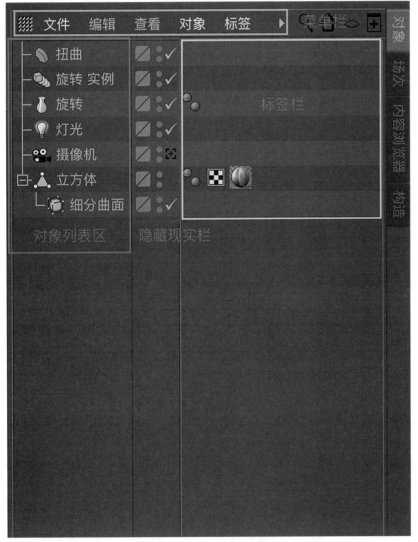

图3-19 对象编辑器

对象编辑器可以划分为四个区域，分别是菜单栏、对象列表区、隐藏/显示区和标签区，如图3-19所示。

菜单栏：菜单栏中的命令用于管理列表区中的对象，例如文件菜单、编辑菜单、查看菜单、对象菜单和标签菜单，如图3-20至图3-24所示。

对象列表区：显示了场景中所有存在的对象，包括几何体、灯光、摄像机、骨骼、变形器、样条线和粒子等，这些对象通过结构线组成树型结构图。如用户在创建的时候没有给对象命名，那么系统将自动采用递增序列号为对象命名，如图3-25所示。

隐藏/显示区：用于控制对象在视图中或渲染时的隐藏和显示，每个对象后面都有一个方形，两个圆点和一个绿色的勾，如图3-26所示。圆点灰色表示默认，红色表示隐藏，绿色表示强制显示。

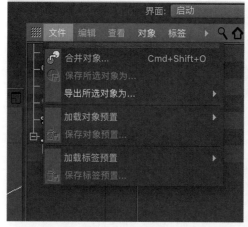

图3-20　文件菜单

图3-21　编辑菜单

图3-22　查看菜单

图3-23　对象菜单

图3-24　标签菜单

提示

对象的层级只需将该对象拖拽到另一个对象上，当鼠标光标呈现如图的形状时，释放鼠标可建立这种层级关系。

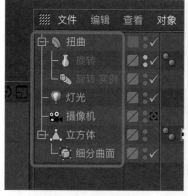

图3-25　对象列表区

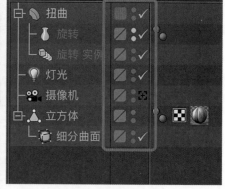

图3-26　隐藏/显示区

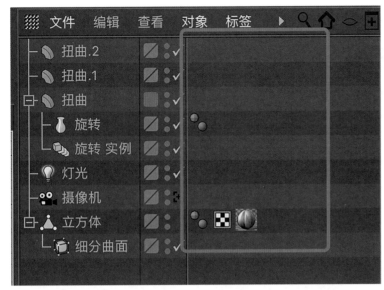

图3-27　标签区

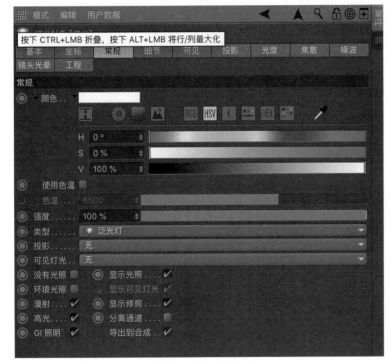

图3-28　属性管理器

提示

如果要让某个选项卡的内容不显示在面板中，只需按住ctrl键同时单击该选项即可。

标签区： 可以添加和删除标签，标签可以被复制，也可以被移动。C4D为用户提供的标签种类很多，使用标签可以为对象添加各种属性，如将材质球赋予模型后，材质球会作为标签的形式显示在对象标签中，如图3-27所示；在对象上单击鼠标右键，在弹出的菜单中选择需要添加的标签命令即可。

STEP3：属性管理器

属性管理器： 属性管理器是C4D非常重要的一个管理器，在这里将会根据当前所选择的工具、对象、材质或者灯光来显示相关的属性，换言之如果选择的是工具，那么显示的就是工具的属性；若选择的是材质，那显示的则是材质的属性。

属性管理器包含了所选择对象的全部参数，这些参数按照类型和选项卡的形式进行区分，单击选项卡即可显示内容。如果想要在面板中同时显示几个选项卡的内容，按住Shift键的同时单击想要的选项卡即可，显示的选项卡将会呈高亮显示，如图3-28所示。

STEP4：坐标管理器

坐标管理器常用于控制模型的精确位置和尺寸，如图3-29所示。坐标管理器中有位置、尺寸和旋转角度参数可供精确输入调节。

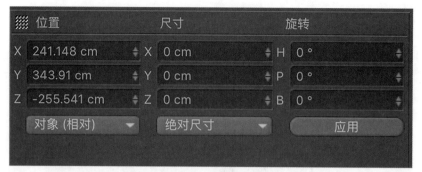

图3-29　坐标管理器

STEP5：材质管理器

材质管理器：材质管理器用于管理材质，包括材质的新建、导入、应用等，鼠标右键点击材质球，还可以添加材质球的相应功能，如图3-30所示。

每一个材质球代表一种材质，在右侧的属性栏中可以看到该材质的属性参数。

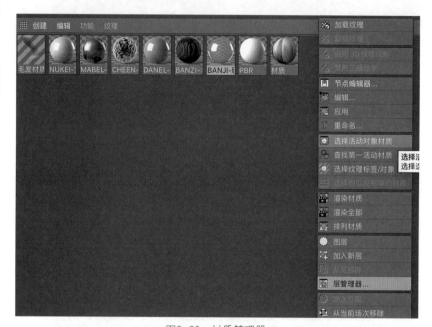

图3-30　材质管理器

提示
在材质管理器的空白区域双击鼠标左键，或者按Ctrl+N，可以快速新建一个普通材质。

图3-31　状态栏

图3-32　动画编辑栏

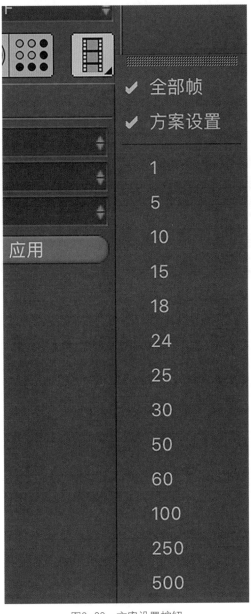

图3-33　方案设置按钮

STEP6：状态栏

状态栏位于材质管理器与坐标管理器的下方，对于刚入门的同学来说，这是一个非常有用的帮助区域，这里除了会显示错误和警告的信息外，还会显示相关工具的提示信息，如图3-31所示。

STEP7：动画编辑栏

动画编辑栏：动画编辑栏位于材质管理器和坐标管理器的上方，其中包含了时间线和一些录制动画的控制工具，如图3-32所示。

动画编辑栏中包括时间帧滑块、播放控制模块、关键帧模块等，用来在制作动画时，控制动画制作流程。

█为方案设置按钮，用以设置回放比率，如图3-33所示。

任务三：认识操作视图

STEP1：操作视图区

在C4D中，占据最大部分画面的就是操作视图区，与多数3D软件一样，它能够单视图和多视图切换显示，如图3-34所示。

在视图的操作中，每个视图的右上角都有四个工具，可以进行平移、缩放、旋转和切换，如图3-35所示。

使用鼠标左键按住平移视图按钮![]不放，同时拖动鼠标，可以对视图进行上、下、左、右的平移。

鼠标左键按住缩放视图按钮![]不放，同时拖动鼠标，向左拖动表示缩小视图，向右拖动表示放大视图。

鼠标左键按住旋转视图按钮![]不放并拖动鼠标，则视图将绕H、P轴进行旋转；右键视图将绕B轴进行旋转。

![]按钮是单视图与多视图切换。

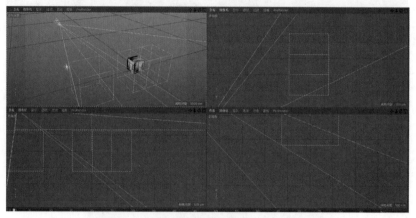

图3-34　操作视图区

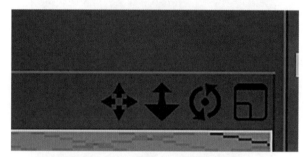

图3-35　平移、缩放、旋转和切换工具

提示

视图的"旋转"操作在其他正投影视图（顶视图、左视图等）中是无效的。

图3-36　查看菜单

每个视图顶部都有自己的视图菜单，下面详细介绍视图菜单的功能。

查看菜单中的命令主要用于视图操作、显示视图内容等，如图3-36所示。

作为渲染视图：命令可以将当前选中的视图作为渲染视图。

撤销/重做视图：当用户对视图进行旋转、平移等操作后，命令将被激活，使用这个命令可以撤销之前对视图进行的操作，当执行过一次"撤销视图"命令后，"重做视图"才能被激活，该命令用于重做对视图的操作。

框选全部：点选后，场景中所有的对象都显示在视图中。

框选几何体：点选后，场景中几何体被选择，其余不被选。

恢复默认场景：用于将摄像机镜头恢复至默认的镜头。

框显选取元素：当场景中的实体模型被转换为可编辑对象后，该命令才能被激活。

提示

　　"撤销视图"类似于"撤销上一次操作"工具和"重复"工具，所不同的是"撤销视图"命令作用于视图。

摄像机菜单中的命令用于视图设置不同的投影类型，如图3-37所示。

透视视图：这是默认的视图模式，它使用传统的三维视角来观察场景。

平行视图：该视图消失点是无限远的，所有的线都是平行的。

左视图/右视图：左视图是YZ轴向投影视图，右视图是ZY轴向投影视图。

正视图/背视图：正视图是XY轴向投影视图，背视图是YX轴向投影视图。

顶视图/底视图：顶视图是XZ轴投影视图，底视图是ZX轴投影视图。

摄像机的轴侧选项中还有其他的视图角度，如图3-38所示。

等角视图：等角视图的轴向比例为$X:Y:Z=1:1:1$。

正角视图：正角视图的轴向比例为$X:Y:Z=1:1:0.5$。

军事视图：军事视图的轴向比例为$X:Y:Z=1:2:3$。

绅士视图：绅士视图的轴向比例为$X:Y:Z=1:1:0.5$。

鸟瞰视图：鸟瞰视图的轴向比例为$X:Y:Z=1:0.5:1$。

蛙眼视图：蛙眼视图的轴向比例为$X:Y:Z=1:2:1$。

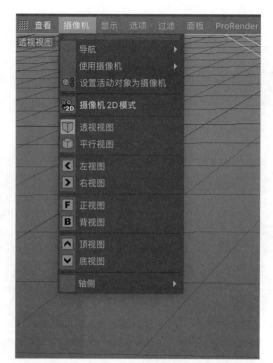

图3-37　摄像机菜单

图3-38　轴侧选项中的视图角度

图3-39　显示菜单

显示菜单中的命令主要用于控制对象的显示方式，如图3-39所示。

光影着色：这是默认显示的着色模式，在这种模式下，所有对象都会根据光源显示明暗和阴影，如图3-40所示。

光影着色（线条）：与光影着色模式相同，但会显示对象的线框，如图3-41所示。

快速着色：该模式使用默认的光源来代替场景中的光源进行着色显示，它的重绘速度较快。

快速着色（线条）：与"光影着色"模式相同，但会显示对象的线框。

常量着色：常量指的是在某个变化的过程中，其数值始终保持不变，因此在该模式下，对象表面没有任何明暗变化，如图3-42所示。

隐藏线条：在该模式下，对象将以线框显示，并隐藏不用显示的线，如图3-43所示。

线条：完整显示多边形网格，包括隐藏线，线的颜色由材质决定。

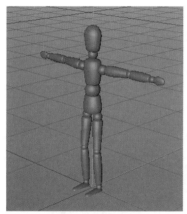

图3-40　光影着色

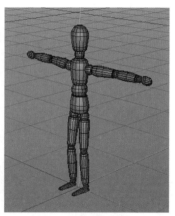

图3-41　光影着色（线条）

图3-42　常量着色

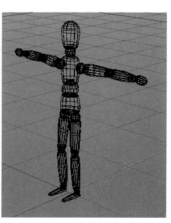

图3-43　隐藏线条

线框: 该模式用线框的形式查看对象。

等参线: 该模式下,对象将显示等参线,而其他对象(例如多边形对象)将显示线架结构。图3-44所示为线框与等参线效果对比。

方形: 该模式以边界框的形式显示,如图3-45所示。

骨架: 模型被显示为一个骨架的形式,这种显示方式占有系统资源最小,如图3-46所示。

选项菜单面板在视图操作过程中用于合理配置视图,如图3-47所示。

细节级别: 在细节级别中分别有高中低三个级别来表示模型的细节显示。

立体: 点击后画面会蓝红显示,配合立体眼镜展示效果。

增强OpenGL: 打开它,能清楚地看到画面上的增强纹理显示,但同时对配置要求较高。

投影: 开启该命令选项,根据灯光的投影就会显示在画面中。

提示

光影着色、光影着色(线条)、快速着色、快速着色(线条)、常量着色、常量着色(线条)、隐藏着色、线条这8种着色模式需要配合"线框""等参线""方形"和"骨架"4种模式使用。

图3-44　线框与等线效果对比

图3-45　方形

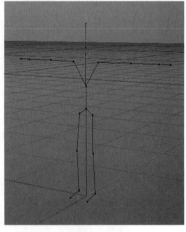

图3-46　骨架

图3-47　选项菜单面板

图3-48　视图配置

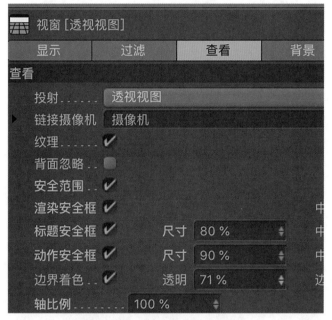

图3-49　透视视图中的黑色边框（一）

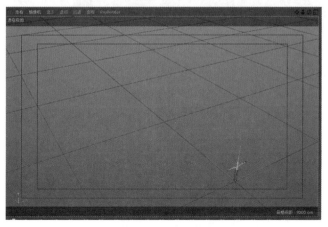

图3-50　透视视图中的黑色边框（二）

透显：该选项用于不完全透明显示多边形对象，激活该选项后，物体以半透明方式显示。

配置视图：执行该命令后，在属性管理器中将会显示当前视图的配置信息，可根据对话框参数调整匹配的视图配置，如图3-48所示。

配置全部视图：该命令与"配置视图"命令的区别在于，执行该命令后，在属性管理器中将会显示四个视图的配置信息。

视图编辑：在属性栏的查看栏点击"动作安全框"就可以看到如图3-49所示的黑色边框存在于透视视图中，还可以调整黑边的透明度。点击"标题安全框"，一个更小的黑色边框也出现在透视视图窗中，如图3-50所示。

任务四：认识材质与渲染

新建：鼠标左键文件下拉菜单→新建，便可建立一个C4D工程。点按鼠标（快捷键为Ctrl+N），如图3-51所示。

合并：如果在制作的过程中，需要导入外部模型到工程，可执行文件→合并，将外部文件导入工程中。

保存：保存当前工程，如果前期没有保存会弹出对话框，填入名称后标题栏也会更改相应名称。

增量保存：将当前打开的文件创建一个副本自动在名称后添加编号，用于版本管理。

保存工程（包含资源）：将当前显示的文件及所有使用的资源保存在一个新文件夹内，使用预设文件后只能使用保存工程保存。

图3-51　新建选项

提示

　　保存工程（包含资源）：通常在需要移动办公的时候经常会用到此功能，在拷贝的过程中会连同材质、模型等信息全部保存于保存文件夹内，在其他电脑中打开也不会产生文件丢失的问题。

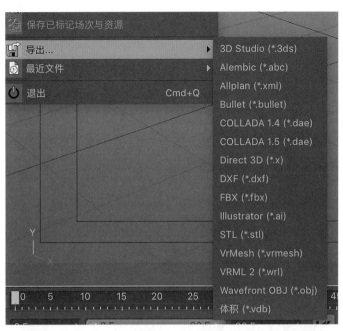

图3-52　导出选项

图3-53　新建材质球

图3-54　材质球编辑对话框

导出： 跟其他3D软件相同，C4D也可以导出其他通用格式与其他软件结合使用，通过导出格式即可实现。在"文件"菜单下的"导出"命令，可以将文件导出为3DS、XML、DXF、OBJ等格式，以便在对应的软件中进行编辑，如图3-52所示。

STEP2：材质编辑

在C4D中材质球的编辑主要通过材质编辑器来完成。

在材质栏中双击，新建材质球，如图3-53所示。

双击材质球打开材质球编辑器，在弹出的对话框中可以对材质球的颜色、发光、透明、反射、环境、凹凸等参数进行调节，如图3-54所示。

颜色： 在颜色选项中，可以对颜色、亮度、纹理、模型纹理等参数进行调节，如图3-55所示。

漫射： 在漫射选项中，可以对材质球的亮度、影响发光、影响高光、影响反射、纹理等参数进行调节，如图3-56所示。

发光： 发光选项可对天空灯箱等带光源发亮的材质进行参数设置，可以通过颜色和发光亮度的参数控制效果，如图3-57所示。

透明： 透明参数主要是用以调节玻璃、水等带有透明属性的材质的重要参数。在透明选项中可以通过颜色、亮度、折射率、反射、菲涅尔反射率、纹理、吸收颜色以及吸收距离等一系列的参数针对性地调节透明材质，如图3-58所示。

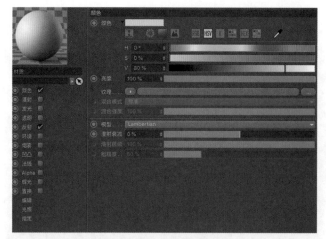

图3-55　颜色选项

图3-56　漫射选项

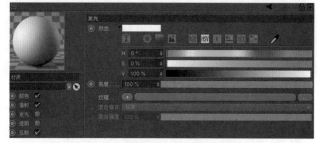

图3-57　发光选项

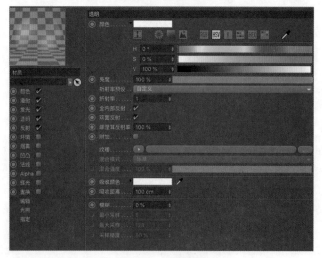

图3-58　透明选项

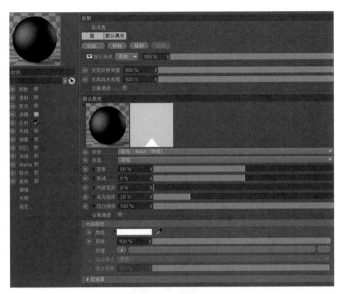

图3-59　反射选项

图3-60　环境选项

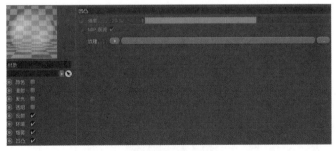

图3-61　凹凸选项

图3-62　法线选项

　　反射：反射参数是材质球编辑中比较重要的参数，不同的反射值表现出丰富的材质肌理，因而反射参数也较为复杂，具体参数如图3-59所示。

　　环境：主要是用于调节天空等环境贴图的参数，亮度值用以调整环境的亮度，通常在纹理中会贴入一张带有光信息的HDRI贴图，快速地模拟出环境灯光及效果，如图3-60所示。

　　凹凸：凹凸选项主要是设置表面具有凹凸肌理的材质的选项，通过凹凸纹理贴图与表面强度的控制达到凹凸材质的表现效果，如图3-61所示。

　　法线：法线选项用来贴法线贴图，在游戏模型中法线贴图的应用比较普及，具体如图3-62所示。

Alpha: Alpha透明通道贴图用来制作具有透明通道的材质，它需要导入一张带有透明通道的贴图。在默认情况下黑色表示完全透明，白色表示完全不透明，以达到制作透明材质的效果，具体如3-63所示。

图3-63　Alpha选项

辉光: 辉光选项用来制作带有辉光特效的贴图，它通过内部强度、外部强度、半径、随机、频率等调节参数来对辉光进行控制，如图3-64所示。

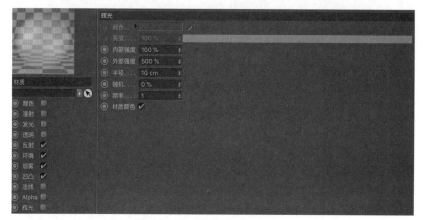

图3-64　辉光选项

置换: 置换贴图跟凹凸贴图类似，但效果优于凹凸贴图，通过置换贴图能够达到更丰富的凹凸细节，参数如图3-65所示。

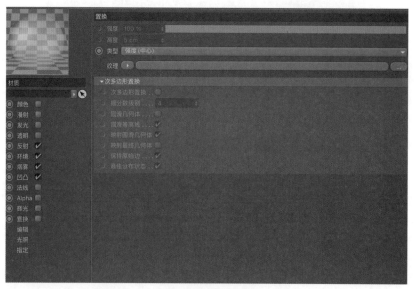

图3-65　置换选项

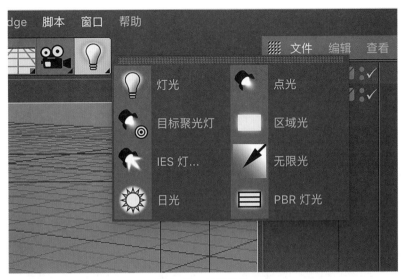

图3-66　灯光工具

图3-67　灯光属性

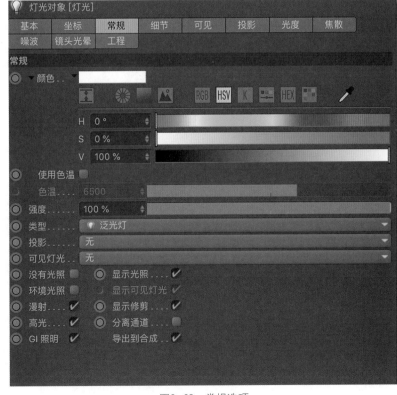

图3-68　常规选项

STEP3：灯光编辑

灯光工具： 在C4D中常用到的灯光工具有点光、聚光灯、区域光。点击工具栏中的灯光并长按，可以看到点光、目标聚光灯、区域光、无限光、IES灯、日光、PBR灯光，如图3-66所示。

在场景中建立一盏光源，点选属性栏，可以看到灯光的属性。同学们可以从常规、细节、可见、投影、光度、焦散、噪波、镜头光晕等方面来进行调节，如图3-67所示。

点击常规选项，可以通过颜色栏，调整灯光的颜色。强度按钮调整灯光的亮度，同时也可以再次在类型选项中更改灯光的类型，具体如图3-68所示。

在灯光属性中还可以通过可见、投影、光度等参数进一步调整相应的参数。

STEP4：渲染设置

在C4D工具栏中有三个与渲染有关的按钮，他们分别是渲染活动视图、渲染到图片查看器和渲染设置，如图3-69所示。

按下Ctrl+B，调出渲染设置对话框，如图3-70所示。

输出： 输出栏可调整分辨率，帧率（电影24，电视剧25），帧范围等参数。

保存： 保存栏可设置保存路径、格式、名称等参数（通常在渲染动画时会采用序列帧的模式来进行保存，像PNG一类带透明通道的格式需要勾选Alpha通道）。

效果： 效果中，推荐添加全局光和环境吸收，让最终的渲染更接近自然效果。反射和投影可以直接使用系统默认的结果。

按快捷键Shift+R，进行缓存窗口渲染，完成后，点击左上方的"另存为"。也可以在弹出的窗口中进行设置保存，如图3-71所示。

图3-69　与渲染有关的三个按钮

图3-70　渲染设置对话框

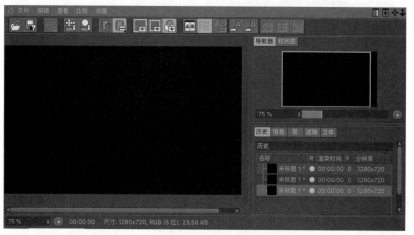

图3-71　缓存窗口渲染

小结与训练

小结：

　　学习完本章之后你是否对C4D软件的工作流程与界面有了深入的了解？它与别的三维软件有相同的操作流程也有自己特有的作业方式，总之C4D的工作思路还是相对通俗易上手的。同学们可以多加练习以熟悉软件的操作流程。

思考题：

　　1.创建的几何体模型可以通过什么方式编辑点线面？

　　2.C4D中材质球有哪些常用的调节参数？

　　3.在视图显示中，有哪几种模型显示的模式？

训练题：

　　1.利用创建几何体工具等制作亭子模型。

　　2.创建木纹、水、金属、陶瓷材质。

　　3.导入光盘素材中的第三章练习题素材，给模型调节灯光和设置渲染参数，输出1280*720的PNG格式图片。

第四章　"高级建模"——室内漫游场景建模

项目目标：

（1）灵活运用多边形、二维线段等多种建模方法
（2）灵活运用模型编辑器
（3）灵活运用多种灯光调节室内环境

简介

　　本章在上一章节的基础上运用所学的C4D建模基础知识，建立一整套室内场景模型。通过建筑墙体、门窗、软装、家具和装饰等进行三维建模、三维贴图绘制和三维渲染。制作高仿真的室内环境场景。

　　本章将在上一章节知识的基础上进行新知识的拓展，如多边形建模和各种变形编辑器的制作使用等，同时运用实例将贴图和渲染灯光等知识点进行综合运用。

配套微课　拓展资源

任务截图

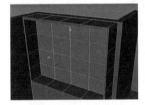  

任务一：创建项目

STEP1：创建新项目

打开Cinema 4D R20后，双击打开软件即可创建新项目。或者在软件中，点击文件→新建（或按Ctrl+N），也可创建新的项目，如图4-1所示。

STEP2：保存项目

点击文件→保存（或按Ctrl+S），如图4-2所示；
在弹窗中选择路径并命名保存，如图4-3所示。

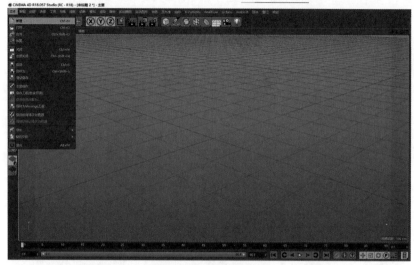

图4-1　创建项目

图4-2　保存

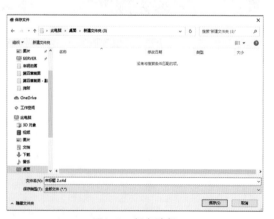

图4-3　保存路径

任务二：房间主体搭建

图4-4 创建平面

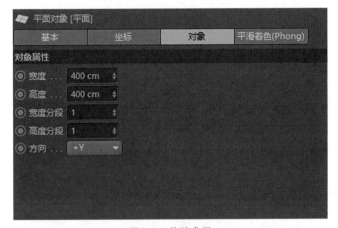

图4-5 修改参数

图4-6 转为可编辑对象

STEP1：创建地面

在软件顶部菜单栏增加对象中选择平面→创建平面模型,如图4-4所示。

添加模型后，在软件的右下角会显示模型当前的各种参数，不同模型会有不同的特征参数，在宽度细分和高度细分中改为1，如图4-5所示将模型转为可编辑对象（或者按键盘C快捷键），如图4-6所示。

STEP2：调整地面

在软件左侧工具栏中，将模型选择为边模式，如图4-7所示。

在窗口中选中模型，并右键模型→循环/路径切割，给模型添加合适的循环边，使得后面的修改空间拥有更多的点线面，如图4-8所示。

在面模式下，选择多余的面，将模型多余的面删除，如图4-9所示。

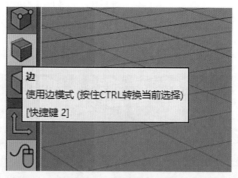

图4-7　选择边模式

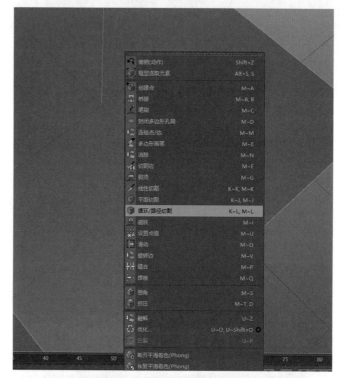

图4-8　给模型添加合适的缩环边

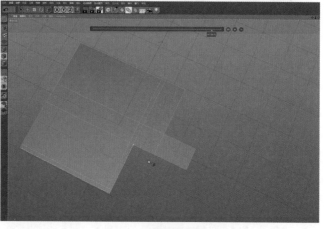

图4-9　删除多余的面

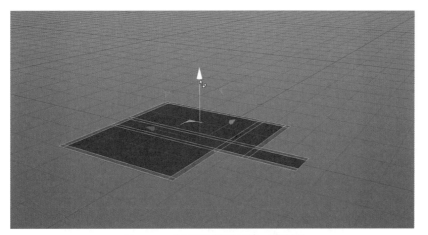

图4-10 选择地面模型周围一圈的面

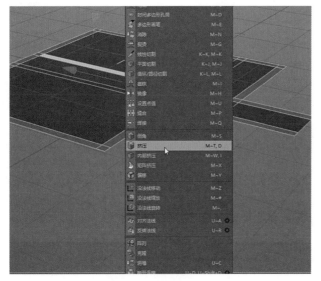

图4-11 选择挤压命令

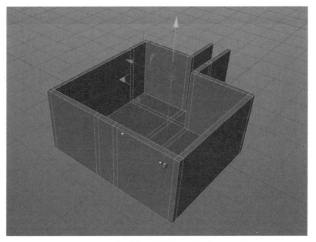

图4-12 将房间外墙挤压出合适高度

在软件左侧工具栏中,将模型选择为面模式,在地面的模型中,选择周围一圈的面,如图4-10所示。

点选需要编辑的面,点击鼠标右键,弹出命令窗口,选择挤压命令,如图4-11所示。

实行该命令,长按鼠标左键并拖动,将房间的外墙挤压出合适高度,如图4-12所示。

在软件顶部工具栏中选择新建立方体，新建的立方体与落地窗相同。并按住Ctrl键同时拖动鼠标进行复制，如图4-13所示。

在软件顶部菜单栏命令中找到布尔命令，并鼠标左键单击创建布尔父级命令，如图4-14所示。

同时将窗户的模型与房间主体的模型拖至布尔命令的下方，作为布尔命令的两个子集，如图4-15所示。

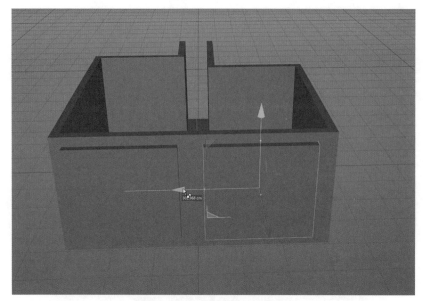

图4-13　新建立方体并复制

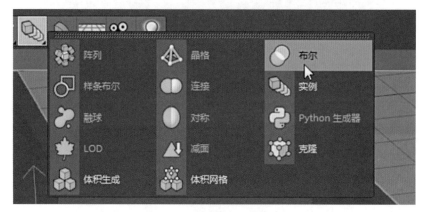

图4-14　创建布尔父级命令

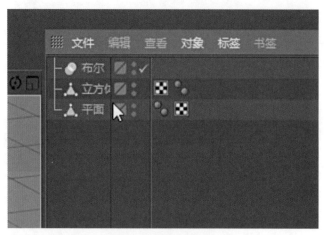

图4-15　将窗户模型与房间主体模型拖至布尔命令下方

图4-16　拖动复制玻璃模型

将窗户的模型和房间主体的模型进行布尔命令后，重新在软件顶部工具栏创建一个新的立方体模型，同时调整模型长宽高，使其正好在窗框中，成为窗户的玻璃，并按住Ctrl+鼠标左键，拖动复制玻璃模型，如图4-16所示。

在软件顶部菜单栏创建一个新的立方体模型，同时调整模型的长宽高，将落地窗的框架搭建出来，如图4-17所示。

图4-17　搭建落地窗框架

任务三：房间内物件搭建

在软件顶部菜单栏创建一个新的立方体模型，调整合适位置与大小，如图4-18所示，并在软件界面的左上角，将模型转为可编辑模型（快捷键C）。

在软件左侧菜单栏中，选择边模式，选择模型，右键模型→循环/路径切割，创建合适的循环边，如图4-19所示。

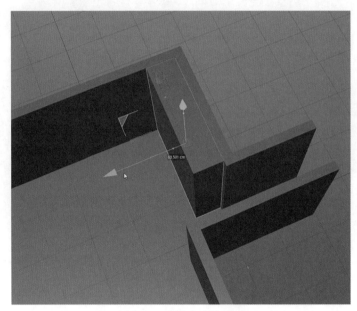

图4-18　创建立方体模型

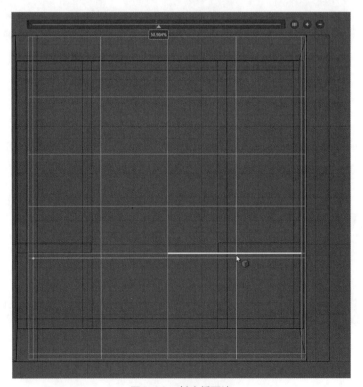

图4-19　创建循环边

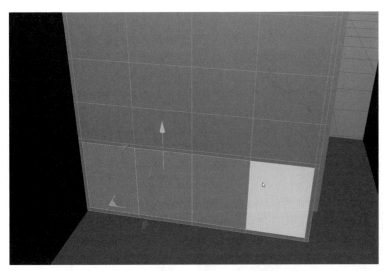

图4-20 选择下方需要挤压成柜门的面

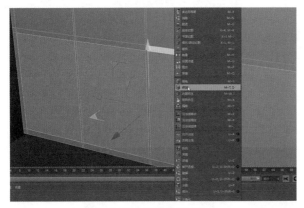

图4-21 选择挤压命令

图4-22 挤压出柜门的形状

选择左侧工具栏，在面模式下，使用选择工具，选择下方需要挤压成柜门的面，如图4-20所示。

在视图模型中，点选选择的面右键，弹出命令窗口，选择挤压命令（或M→T），如图4-21所示，选择命令后，长按住鼠标左键，并拖动，挤压出合适的厚度，形成柜门的形状，如图4-22所示。

在左侧工具栏中选择边模式工具，在窗口中用选择工具，选择柜子上需要挤压的面，右键选择的面，弹出命令窗口，选择挤压命令（或M→T），长按住鼠标左键，并拖动，将柜子向内挤压，挤出柜体，如图4-23所示。

选择顶部工具栏，创建一个新的立方体模型，同时调整模型长宽高，将柜体内的隔板搭建出来，如图4-24所示。

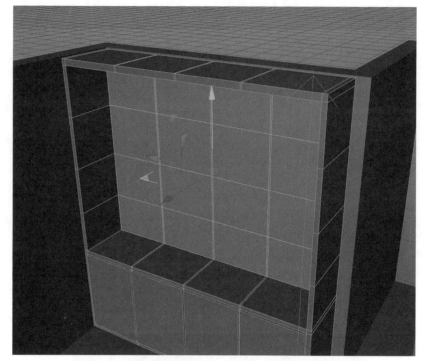

图4-23　挤出柜体

图4-24　搭建柜体隔板

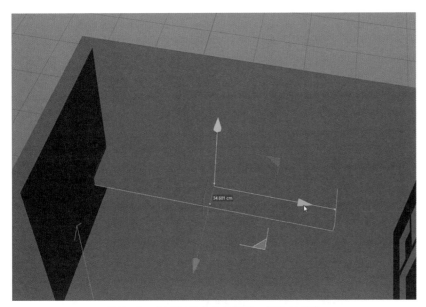

图4-25　创建新的立方体模型，调整长宽高

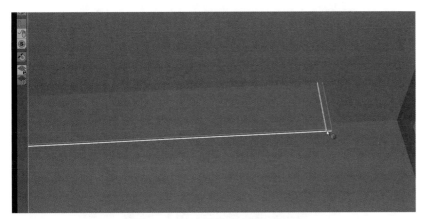

图4-26　在立方体的两头插入循环边

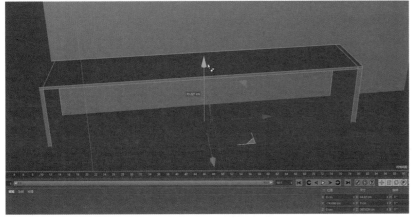

图4-27　挤出桌腿

STEP2：搭建书架

选择顶部工具栏，创建一个新的立方体模型，同时调整模型长宽高，如图4-25所示。

选择左侧工具栏，将立方体转为可编辑对象，在软件左侧选择边模式，右键模型→循环/路径切割，在立方体的两头插入循环边，如图4-26所示。

在面模式下选择需要挤出的两个面，在视图中，右键弹出命令窗口，右键模型→挤压，将桌腿挤出，如图4-27所示。

STEP3：搭建衣柜

在顶部工具栏创建一个新的立方体模型，同时调整模型长宽高，如图4-28所示。

在左侧工具栏中，将立方体转为可编辑图形，在软件左侧选择边模式下，右键模型→循环/路径切割，如图4-29、图4-30所示。

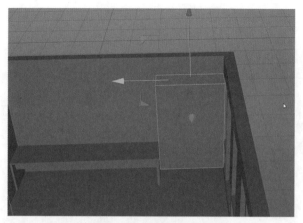

图4-28　创建新的立方体模型，调节长宽高

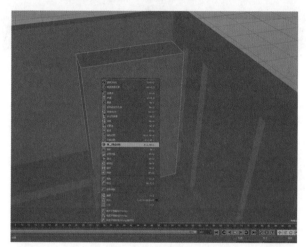

图4-29　循环切割

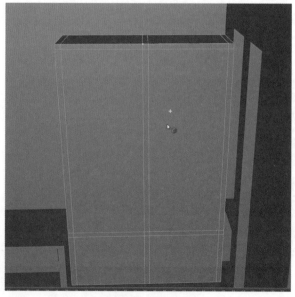

图4-30　路径切割

064

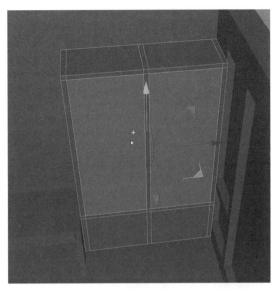

图4-31　选择衣柜需要挤压的面

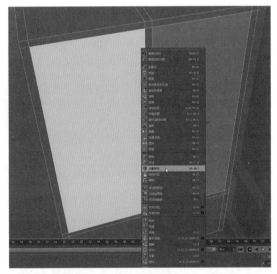

图4-32　选择内部挤压

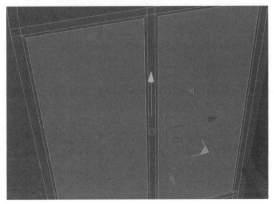

图4-33　挤出门板厚度

在左侧工具栏中选择面模式，选择衣柜门所需要挤压的面，如图4-31所示。

在视图模型中，右键选择的面，弹出命令窗口，右键→内部挤压，如图4-32所示，将边往里挤出并缩小，然后右键→挤压，将门板厚度挤出，如图4-33所示。

单独选中房间模型，在左侧工具栏中选择视窗层级独显，用以单独显示房间模型，如图4-34所示。

在左侧工具栏中选择边模式，在窗口中，右键单击弹出命令窗口，在命令窗口中选择循环/路径切割，在合适的位置插入踢脚线的循环边，如图4-35所示。

在没有连接的地方，右键弹出的命令窗口中，选择线性切割，进行手动连接，如图4-36所示。

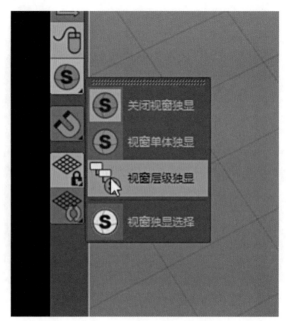

图4-34　选择视窗层级独显

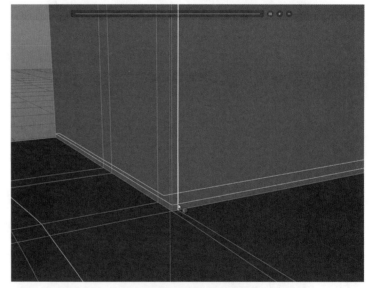

图4-35　插入踢脚线的循环边

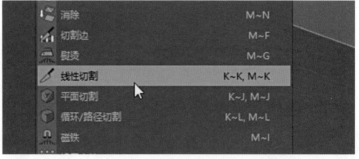

图4-36　选择线性切割

图4-37　挤出踢脚线厚度

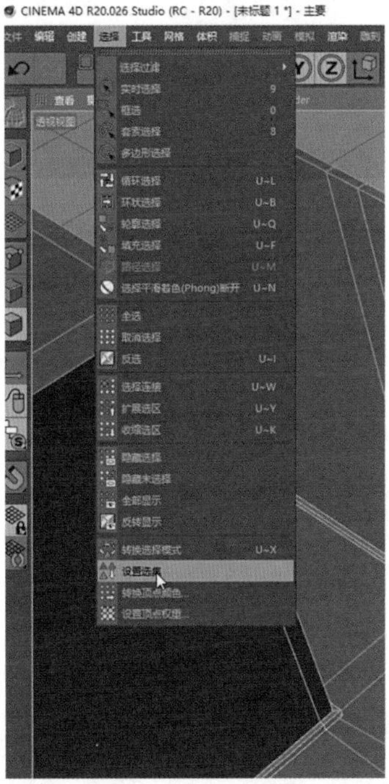

选中新切割出循环边的面，在右键弹出的命令窗口中，选择挤出命令，长按住鼠标，并拖动，将踢脚线的厚度挤出，如图4-37所示。

挤出面后，选中挤出的面，在软件顶部工具栏中，选择→设置选集，如图4-38所示，此时在模型后方会多出一个选集标签，双击标签即可快速选择选中的面，如图4-39所示。

图4-38　选择设置选集

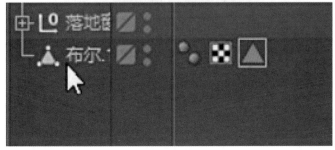

图4-39　双击标签

STEP4：搭建电视与电视柜

在顶部工具栏中创建一个新的立方体模型，同时调整模型长宽高，如图4-40所示。

在左侧工具栏中选择边模式，在右键模型弹出的命令框中，选择循环/路径切割，在合适位置添加循环边，如图4-41所示。

选择四角的边，在右键弹出的命令框中，选择倒角命令，如图4-42所示，将四个角进行圆滑处理，如图4-43所示。

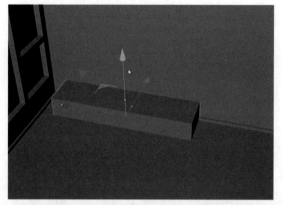

图4-40　创建新的立方体模型，调整长宽高

图4-41　添加循环边

图4-42　选择倒角命令

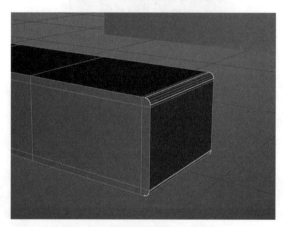

图4-43　将四个角进行圆滑处理

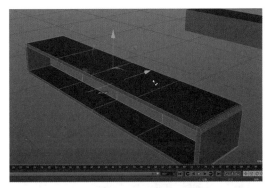

图4-44 挤出电视机柜的柜体

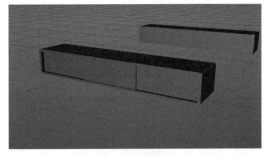

图4-45 创建三个柜门

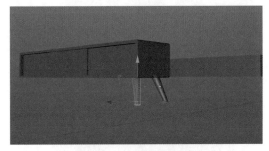

图4-46 新建圆柱体模型

图4-47 将坐标S.Z改为-1

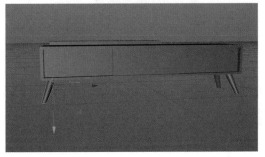

图4-48 最终成品

选择电视机柜前面的面，右键→挤压，将电视机柜的柜体给挤出，如图4-44所示。

顶部工具栏中新建立方体，创建三个柜门，如图4-45所示。

新建圆柱体模型，将模型转为可编辑模型，并在点模式下对模型进行调整，如图4-46所示。

复制一对桌脚，将坐标S.Z改为-1，如图4-47所示，最终如图4-48所示。

在顶部工具栏中创建一个新的立方体模型，同时调整模型长宽高，如图4-49所示。

左侧工具栏中选择面模式，选择需要挤出的面，在视图中，选择模型的面右键弹出命令窗口，内部挤压，挤压出屏幕的大小，如图4-50所示。

将屏幕往内挤压，挤出电视机形状，如图4-51所示。

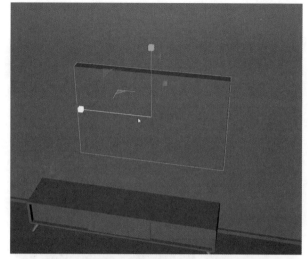

图4-49　创建新的立方体模型，调整长宽高

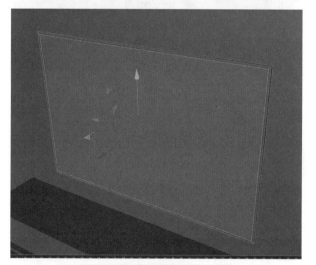

图4-50　挤出屏幕的大小

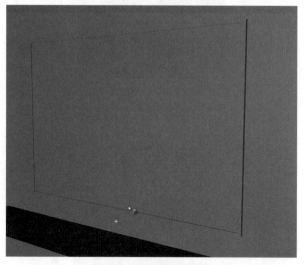

图4-51　挤出电视机形状

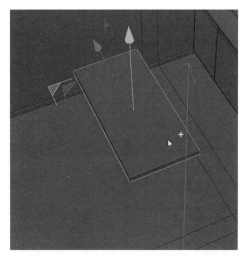

图4-52 新建立方体模型，调整长宽高

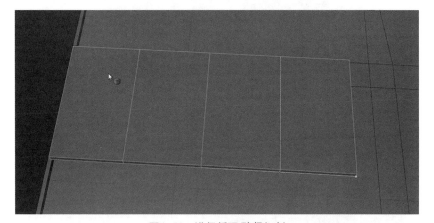

图4-53 进行循环/路径切割

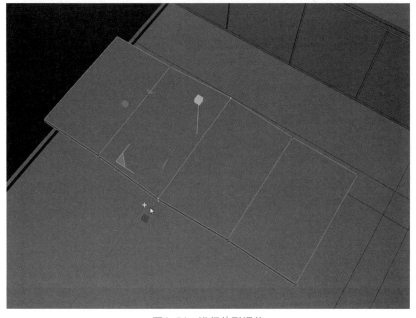

图4-54 进行外形调整

STEP5：搭建餐桌椅

在顶部工具栏中新建立方体模型，调整长宽高等比例与位置，如图4-52所示。

将模型转为可编辑对象，选择边模式，右键模型→循环/路径切割，如图4-53所示。

在左侧工具栏中选择点模式，选择模型的点，进行外形的调整，如图4-54所示。

左侧工具栏中选择边模式，选择模型四角的边，右键弹出命令窗口，选择倒角命令，对餐桌的四角进行圆滑处理，如图4-55所示，倒角参数，偏移：10.6cm；细分：4，如图4-56所示。

在左侧工具栏中选择边模式，将桌面的侧面加入两条循环边，在窗口中右键模型弹出的命令框中，选择环/路径切割，并插入合适的循环边，如图4-57所示。

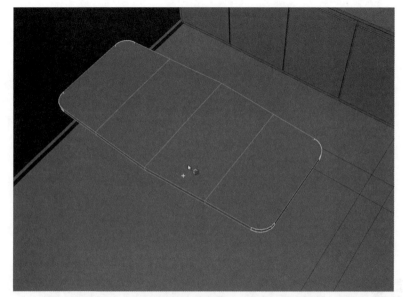

图4-55　对餐桌的四角进行圆滑处理

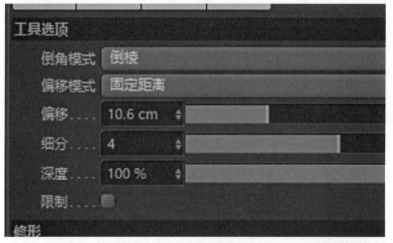

图4-56　倒角参数

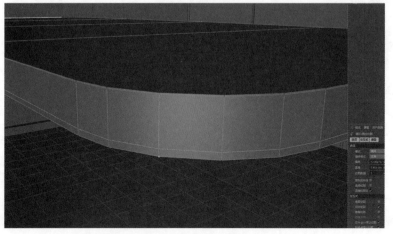

图4-57　插入合适的循环边

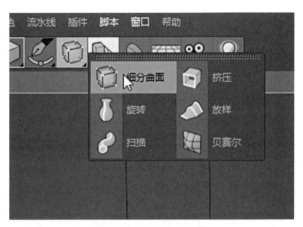

图4-58 选择细分曲面

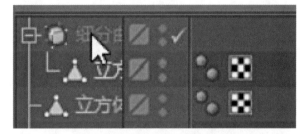

图4-59 将餐桌的模型拖入细分曲面的子集

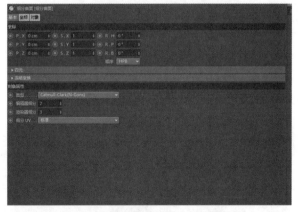

图4-60 设定细分编辑器和渲染器的值

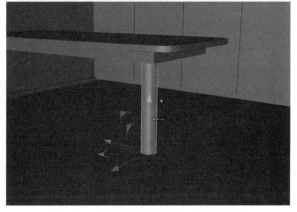

图4-61 创建新圆柱体模型,调整长宽高

在顶部工具栏中,点击细分曲面命令,并添加,如图4-58所示。

在右侧对象管理器中将餐桌的模型拖入细分曲面的子集,如图4-59所示,细分编辑器细分:3;渲染器细分:3,如图4-60所示。

在顶部工具栏中创建新圆柱体模型,调整长宽高至合适位置,如图4-61所示。

在左侧工具栏中选择点模式，选中桌腿下方全部的点，进行缩放与位置的调整，并同时按住Ctrl键鼠标拖动复制出对称的另外一只桌脚，如图4-62所示。

运用选择工具，按住Shift键同时选择这两只桌腿，复制出一对桌腿，如图4-63所示，并将它们的坐标S.X改为-1，如图4-64所示。

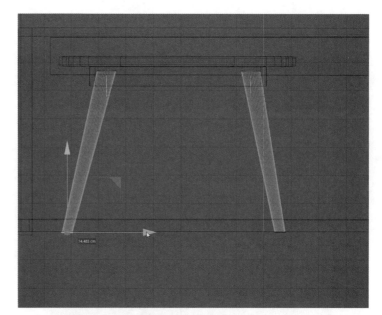

图4-62　桌腿设置

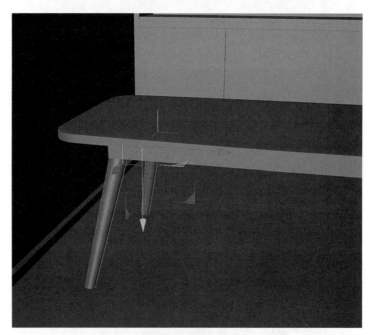

图4-63　复制桌腿

图4-64　改变坐标

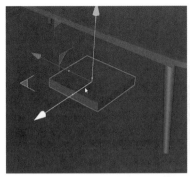

图4-65 创建立方体模型，调整长宽高

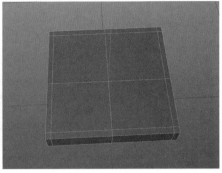

图4-66 选择循环/路径切割命令

在顶部工具栏中创建立方体模型，调整长宽高至合适比例，如图4-65所示。在左侧工具栏中选择将模型转为可编辑对象工具，同时选择边模式，选中模型并右键，在弹出的命令框中，选择循环/路径切割命令，如图4-66所示。

在软件顶部菜单栏中，点击细分曲面命令，添加，如图4-67所示；并将餐桌模型拖入细分曲面的子集，如图4-68所示；细分参数，如图4-69所示，编辑器细分为：2，渲染器细分为：3。

图4-67 点击细分曲面命令

图4-68 将餐桌模型拖入细分区面的子集

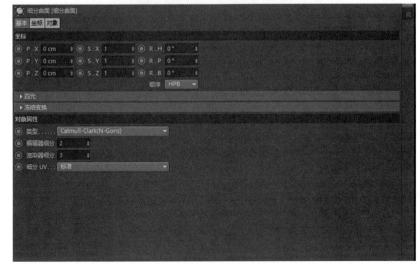

图4-69 设置编辑器和渲染器的值

在左侧工具栏下点选点模式，对模型的外形进行调整，如图4-70所示。

在顶部工具栏中新创建立方体模型，调整长宽高至合适比例，如图4-71所示。

在左侧工具栏中选择边模式，右键模型→循环/路径切割，添加循环边，如图4-72所示。

在左侧工具栏中选择面模式，选择需要挤出的面，右键模型→挤出，如图4-73所示。

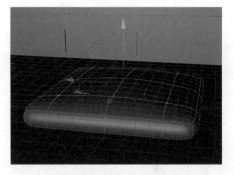

图4-70 调整模型的外形

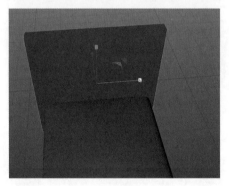

图4-71 创建立方体模型，调整长宽高

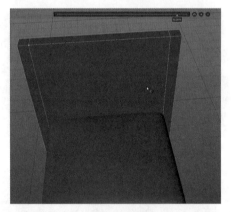

图4-72 添加循环边

图4-73 挤出模型的面

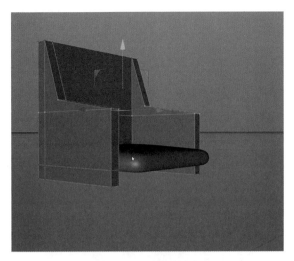

图4-74　调整模型的外形

图4-75　点击细分曲面命令

图4-76　将餐桌椅模型拖入细分区面的子集

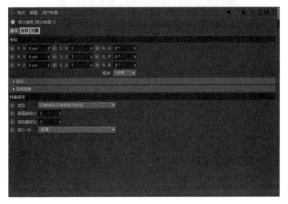

图4-77　设置编辑器和渲染器的值

在左侧工具栏中选择点模式，对模型的外形进行调整，调整靠背模型的外形，如图4-74所示。

在顶部工具栏中，点击细分曲面命令，添加，如图4-75所示；并将餐椅模型拖入细分曲面的子集，如图4-76所示；细分参数，如图4-77所示，编辑器细分为：2，渲染器细分为：3。

在左侧工具栏中选择点模式，选择模型右键→线性切割，在对应位置进行连接，在边模式下，右键模型→循环/路径切割，在需要硬边的地方插入循环边，如图4-78所示。

在顶部工具栏中新创建圆柱体模型，调整长宽高至合适比例，如图4-79所示。

在左侧工具栏中点选点模式，调整凳脚的形状与位置，并复制一条凳腿，如图4-80所示。

同时选择这两只凳腿，复制出一对凳腿，并将它们的坐标$S.X$改为-1，如图4-81所示。

按住Ctrl+左键，复制拖出餐桌凳，并摆放好位置，如图4-82所示。

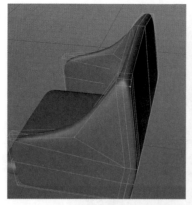 

图4-78　插入循环边　　　　图4-79　创建圆柱体模型，调整长宽高

图4-80　复制凳腿

图4-81　将坐标$S.X$改为-1

图4-82　复制拖出餐桌凳并摆放好位置

STEP6：搭建沙发与茶几

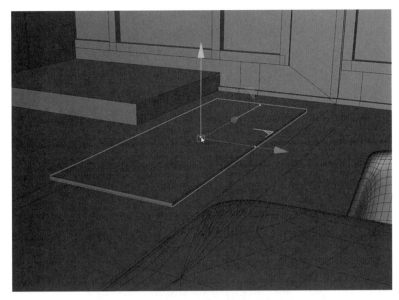

图4-83　创建圆柱体模型，调整长宽高

新创建圆柱体模型，调整长宽高至合适比例，如图4-83所示。

在左侧工具栏中将模型转为可编辑模式，选择边模式，右键模型→循环/路径切割，如图4-84所示。

在左侧工具栏中选择面模式，选择需要挤出沙发腿的面，右键模型→挤压，将沙发腿挤出合适的长度，如图4-85所示。

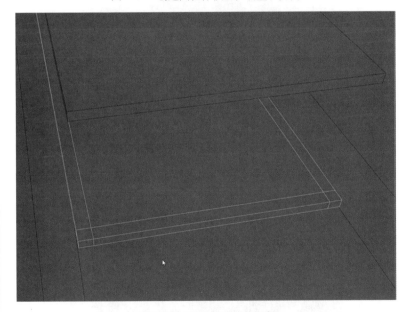

图4-84　选择循环/路径切割

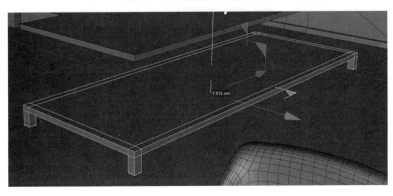

图4-85　挤出沙发腿

在顶部工具栏中选择新创建圆柱体模型，调整长宽高至合适比例，如图4-86所示。

在左侧工具栏中将模型转为可编辑模式，选择边模式，右键模型→循环/路径切割，如图4-87所示。

在左侧工具栏中选择面模式，选中需要挤出的面，右键模型→挤压，将沙发的外形塑造出来，如图4-88所示。

选择左侧工具栏，回到边模式，对需要硬边的转角，进行添加循环/路径切割，同时对模型的点进行调整，使沙发的外形更加生动，如图4-89所示。

图4-86　调整新建圆柱体模型的长宽高

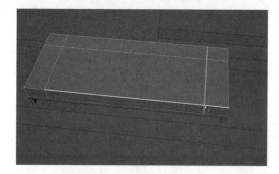

图4-87　选择循环/路径切割

图4-88　塑造沙发的外形

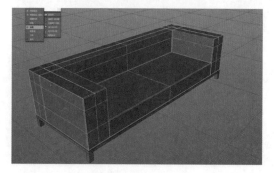

图4-89　调整沙发的外形

在顶部工具栏中，点击细
分曲面命令，添加，如图所示
4-90，并将餐桌模型拖入细分曲
面的子集，如图4-91所示；细
分参数，如图4-92所示；最终效
果，如图4-93所示。

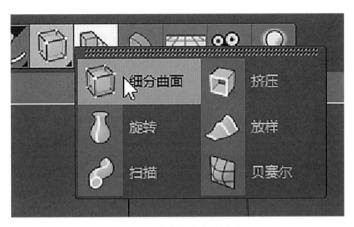

图4-90　点击细分曲面命令

图4-91　将餐桌模型拖入细分曲面的子集

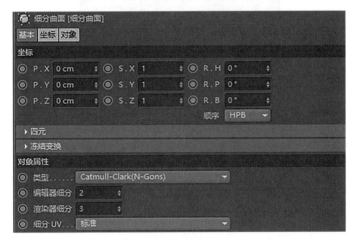

图4-92　细分参数

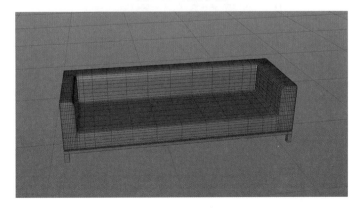

图4-93　最终效果

在左侧工具栏中选择边模式，右键模型→循环/路径切割，在相应的位置插入循环边，如图4-94所示。

在左侧工具栏中选择边模式，选择中间这条边，选中后往内位移，使沙发的纹路更加明显，如图4-95所示。

在顶部工具栏中新创建立方体模型，调整长宽高至合适比例，如图4-96所示。

在左侧工具栏中选择边模式与点模式，插入循环边，并同时调整点，外形更加接近于靠枕，如图4-97所示。

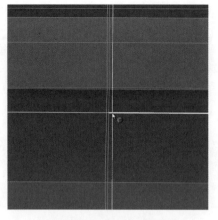

图4-94　插入循环边

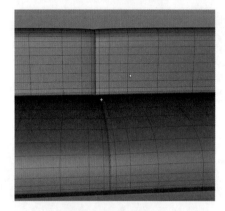

图4-95　调整沙发的边

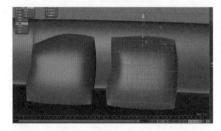

图4-96　创建立方体模型，调整长宽高

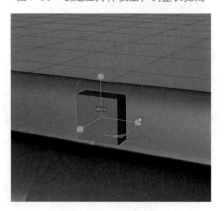

图4-97　设置靠枕

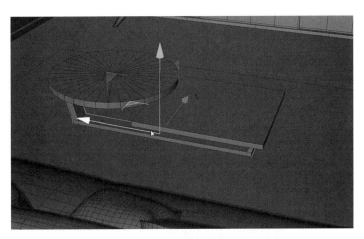

图4-98 创建立方体模型，调整长宽高

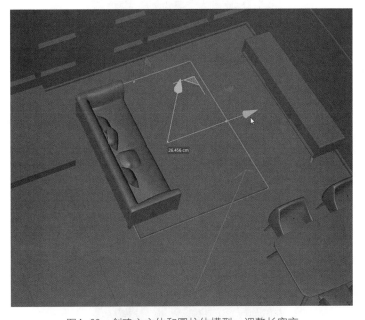

图4-99 创建立方体和圆柱体模型，调整长宽高

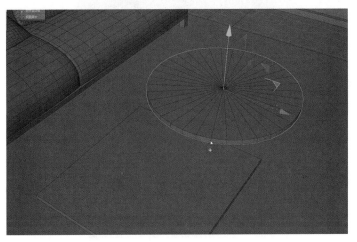

图4-100 创建立方体模型，调整长宽高

在顶部工具栏中新创建立方体模型，调整长宽高至合适比例，如图4-98所示，作为地毯模型。

在顶部工具栏中新创建立方体和圆柱体模型，调整长宽高至合适比例，如图4-99所示，作为茶几的台面。

在顶部工具栏中新创建立方体模型，调整长宽高至合适比例，并进行挤压，如图4-100所示，作为茶几的底座。

在顶部工具栏中新创建平面模型，调整长宽高至合适比例，如图4-101所示，作为窗帘模型，调整平面的分段参数，如图4-102所示。

在左侧工具栏中选择边模式，选中如图4-103所示的边并将选中的边进行移动，在点模式下调节窗帘的外形，如图4-104所示。

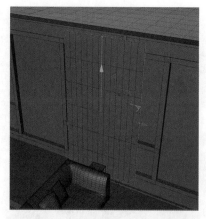

图4-101　创建平面模型，调整长宽高

图4-102　调整平面的分段参数

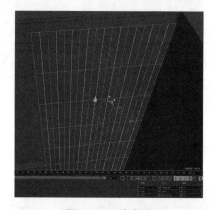

图4-103　选中边

图4-104　调整窗帘的外形

任务四：房间内物体搭建

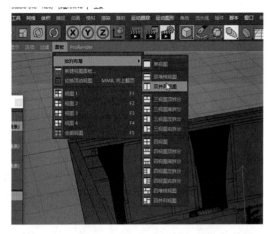

图4-105　点击双并列视图

图4-106　点击透视视图

图4-107　新建摄像机

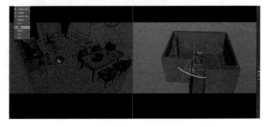

图4-108　设置合适的渲染角度

STEP1：渲染设置

将显示窗口改为：面板→排列布局→双并列视图，如图4-105所示。

右侧视图：摄像机→透视视图，如图4-106所示。

在顶部工具栏中，新建摄像机，如图4-107所示。

在左侧摄像机视图中，设置合适的渲染角度，如图4-108所示。

在对象管理器中选择摄像机并点选鼠标右键→CINEMA 4D标签→给摄像机添加保护标签，以防止摄像机误触，如图4-109所示。

图4-109　给摄像机添加保护标签

在顶部工具栏中添加物理天空，如图4-110所示，并调整合适位置。

图4-110　添加物理天空

在菜单栏中点击渲染设置，如图4-111所示；渲染设置→效果，点击全局光照与环境吸收，如图4-112所示。实时预览快捷键：Alt+R。

图4-111　点击渲染设置

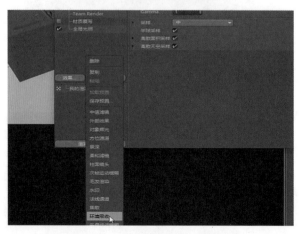

图4-112　点击全局光照与环境吸收

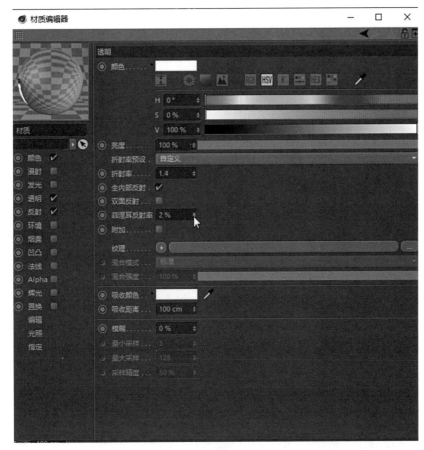

图4-113　材质球属性设置

图4-114　将材质球直接拖至落地窗玻璃模型

STEP2：材质球设置

在材质编辑器工具栏中新建材质球（在材质编辑工具栏中双击可新建材质），并双击打开材质球属性。

将材质球透明打上钩，将折射率改为1.4，将双面反射取消勾选，菲涅尔反射率改为百分之2，如图4-113所示；并将材质球直接拖至落地窗玻璃模型，如图4-114所示。

在材质编辑器工具栏双击新建材质球，并双击打开材质球属性，取消颜色勾选，在反射类型中改为：反射（传统），粗糙度：6%，反射强度：100%，高光强度：20%，凹凸强度：100%，如图4-115所示，并指定给闹钟等金属物体（个别不同金属需要调整粗糙等参数）。

在材质编辑器工具栏双击新建材质球，并双击打开材质球属性，在颜色属性中，点击后方三个点按钮，在弹窗中指定合适的贴图文件，如图4-116所示，并将材质球直接拖至给餐桌等需要贴图的物体中（个别不同金属需要调整纹理贴图等参数）。

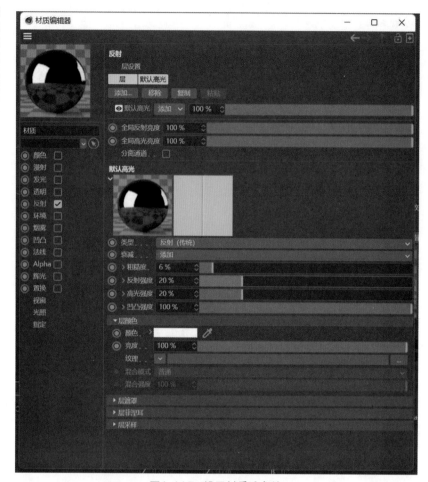

图4-115　设置材质球参数

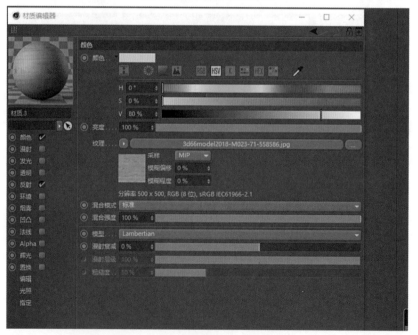

图4-116　新建材质球，并设置属性

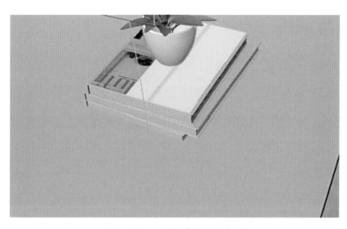

图4-117　将材质球拖至书本

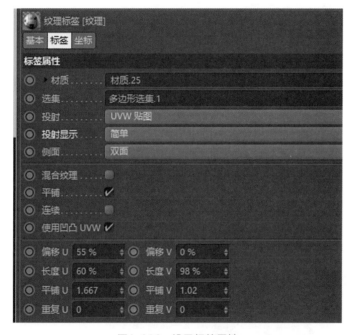

图4-118　设置标签属性

图4-119　将材质指定给相应模型，点击渲染

在材质编辑工具栏中双击新建材质球，并双击打开材质球属性，在颜色属性中，点击后方三个点按钮，在弹窗中指定合适的贴图文件。

将材质球直接拖至书本，如图4-117所示，再点击书本后方的材质球标签，如在标签属性中，调整贴图在模型的位置与大小，如图4-118所示。

将材质都指定给相应模型后，点击渲染，如图4-119所示，制作完成。

小结与训练

小结：

　　做完以上的练习你是否对室内三维建模与三维模型的贴图有了更进一步的了解？在建模时如何利用多边形建模点、线、面的层级来配合建立三维模型。

　　在模型的贴图中通过颜色、反射、透明等参数来设置材质的肌理效果与反射效果，在练习中也有详细的阐述。通过案例的训练，同学们对C4D建立室内环境场景有了更具象的了解。

思考题：

　　1.多边形建模可以通过哪几个层级进行编辑？
　　2.列举几种常用的模型变形编辑器。
　　3.常用的材质调节参数有哪些？

训练题：

　　根据案例中的建模与材质方式，试着将训练中场景的其余部分进行建模（如场景卧室、洗手间、厨房等场景）。
　　要求：建模的模型比例合适
　　　　　模型需要完成贴图

第五章 Unity脚本基础——炮打砖墙游戏

项目目标：
（1）完成指定场景素材包的导入
（2）完成砖块预设体和子弹预设体的制作
（3）完成动态创建砖墙的代码编写
（4）完成鼠标控制发射子弹的代码编写
（5）完成控制镜头任意变换的代码编写

配套微课　拓展资源

简介

　　本章在第二章的基础上学习Unity脚本程序。编写Unity脚本是整个游戏（项目）开发过程中的重要环节，即使最简单的游戏也需要脚本来进行相应用户的操作，此外游戏场景中的事件触发、游戏关卡的设计、各类角色的运动、游戏对象的创建和销毁等都需要通过脚本来控制。

　　本章将通过小游戏"炮打砖墙"的制作来学习Unity脚本程序的知识。涵盖知识点如脚本创建，生命周期函数，Unity常用类及API，基本物理组件和声音组件，预设体的制作，游戏对象的创建和销毁，鼠标键盘事件的触发，镜头变换交互控制等。

任务截图

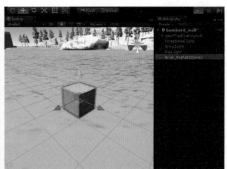

任务一：创建项目

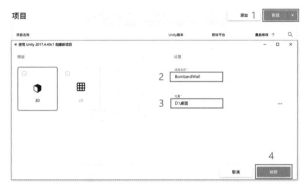

图5-1　新建项目

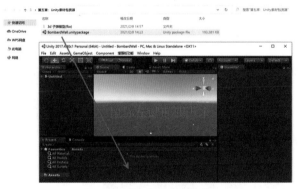

图5-2　导入场景素材资源

图5-3　导入Unity Package

图5-4　打开场景文件

图5-5　载入资源后的场景视图

图5-6　设置Unity界面布局

打开Unity Hub（或直接打开Unity软件），点击新建按钮，如图5-1所示，项目取名为"BombardWall"，选择合适的项目存放位置，点击创建按钮完成新项目的创建。

STEP2：载入场景素材包

找到提供的场景素材包BombardWall.unitypackage，如图5-2所示，按住鼠标左键拖拽到项目视图中Assets文件夹里。

如图5-3所示，点击"All"按钮选择资源包中所有资源，然后点击"Import"按钮载入。

载入资源后，Assets文件夹→双击bombard_wall.unity场景文件，如图5-4所示。打开项目场景，如图5-5所示。点击工具栏最右边设置Unity为"2 by 3"的界面布局，如图5-6所示。

任务二：制作砖块预设体

层级视图中：鼠标右键→3D Object→Cube命令，如图5-7所示，完成创建一个Cube游戏对象。

（上述步骤也可改为单击菜单栏→GameObject→3D Object→Cube命令，两者效果一样，都是创建游戏对象）

如图5-8所示，选中Cube后在检视视图中改名为brick_Prefab，然后点击Reset重置物体坐标值，重置后的对象会处在场景的原点，如图5-9所示。

图5-7　创建Cube游戏对象

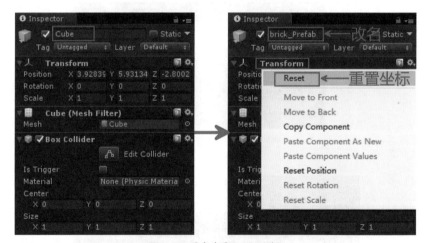

图5-8　重命名和Reset坐标

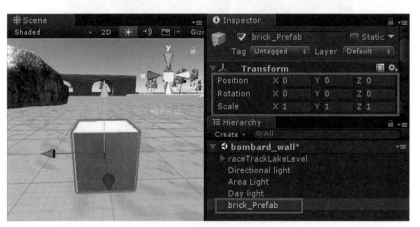

图5-9　修改后的方块对象

图5-10 新建材质文件夹

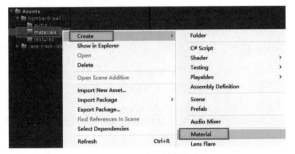

图5-11 新建材质球

图5-12 brick_mat材质球

图5-13 设置brick_mat材质球

图5-14 给砖块赋予材质

STEP2：设置砖块的材质

如图5-10所示，在项目视图中新建文件夹：Assets文件夹→右键bombard-wall文件夹→Create→Folder命令，新文件夹重命名为"materials"。

如图5-11所示，在materials文件夹中新建材质球：Create→Material命令，新建的材质球重命名为"brick_mat"，如图5-12所示。

点击brick_mat材质球→找到textures文件夹中的brick_tex图片→拖拽图片到brick_mat材质球中的Albedo属性框→设置Tiling参数中的X和Y为0.5，如图5-13所示。

选中brick_Prefab对象→拖拽材质球brick_mat到砖块，完成该砖块的材质赋值，如图5-14所示。

STEP3：给砖块添加刚体

层级视图(场景视图)选中砖块对象brick_Prefab→检视视图中点击"Add Component"按钮→Physics→Rigidbody，完成砖块刚体组件的添加。

STEP4：创建砖块预设体

项目视图中新建文件夹：Assets文件夹→右键bombard-wall文件夹→Create→Folder命令，新文件夹重命名为"prefabs"，如图5-15所示。

图5-15　新建预设体文件夹

如图5-16所示，层级视图选中brick_Prefab→拖拽到项目视图中bombard-wall文件夹下的prefabs文件夹，完成砖块预设体的创建，再删除层级视图中的砖块对象。

图5-16　拖拽完成砖块预设体的创建

运行游戏后拖拽砖块预设体到层级视图查看效果，如图5-17所示。

图5-17　查看砖块预设体效果

任务三：制作子弹预设体

STEP1：导入子弹fbx模型

项目视图中新建文件夹：Assets文件夹→右键bombard-wall文件夹→Create→Folder命令，新文件夹重命名为"models"，如图5-18所示。

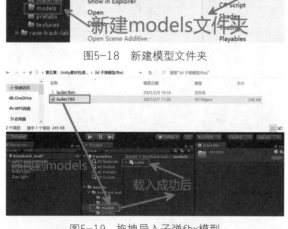

图5-18　新建模型文件夹

鼠标左键拖拽外部模型bullet.fbx到项目视图里的文件夹models中，如图5-19所示。

图5-19　拖拽导入子弹fbx模型

提示

不同版本Unity对导入fbx模型的设置方法不完全一样。具体要看实际情况处理。

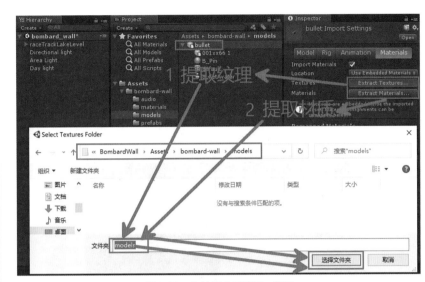

图5-20　拖拽导入子弹fbx模型

图5-21　设置子弹模型的材质

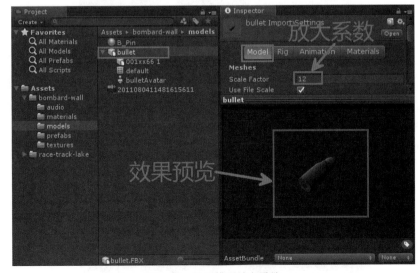

图5-22　设置模型放大系数

STEP2：设置子弹模型材质

选中bullet模型→检视视图点击"Materials"按钮,执行以下两步骤（如图5-20所示）：

步骤1：提取纹理。点击"Extract Textures"按钮提取纹理→弹出对话框选择存放路径到bullet模型所在的models文件夹→点击按钮选择文件夹。

步骤2：提取材质。点击"Extract Materials"按钮提取材质→弹出对话框选择存放路径到bullet模型所在的models文件夹→点击按钮选择文件夹。

点击材质球B_Pin→将2011080411481615611拖拽到材质球B_Pin的Albedo属性上，如图5-21所示。

点击bullet模型→检视视图中点击"Model"按钮→修改放大系数Scale Factor为12，如图5-22所示。

STEP3：创建子弹预设体

鼠标左键将bullet从项目视图拖拽到层级视图→重命名为"bullet_Prefab"，如图5-23所示。

图5-23　拖拽创建子弹游戏对象

在层级视图选中子弹对象bullet_Prefab后在检视视图中Reset重置物体坐标值，重置后的对象会处在场景的原点，如图5-24所示。

图5-24　场景中的子弹游戏对象

给子弹添加刚体组件：选中bullet_Prefab→检视视图点击"Add Component"按钮→Physics→Rigidbody，并勾选重力，如图5-25所示。

给子弹增加胶囊碰撞体：选中bullet_Prefab→检视视图点击"Add Component"按钮→Physics→Capsule Collider，如图5-25所示。

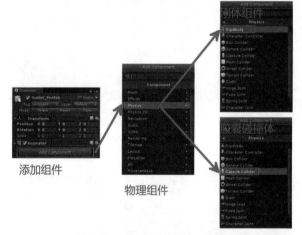

图5-25　添加刚体和胶囊碰撞体

设置子弹各组件参数信息，如图5-26所示。拖拽bullet_Prefab到prefabs文件夹中，完成子弹预设体的创建，删除层级视图中的bullet_Prefab，如图5-27所示。

如图5-28所示，运行后可拖拽子弹预设体到层级视图查看效果。

图5-26　各组件参数

图5-27　拖拽完成子弹预设体的创建

图5-28　查看子弹预设体效果

任务四：动态创建砖墙

图5-29 新建脚本文件夹

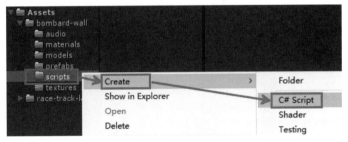

图5-30 新建C#脚本

图5-31 重命名脚本

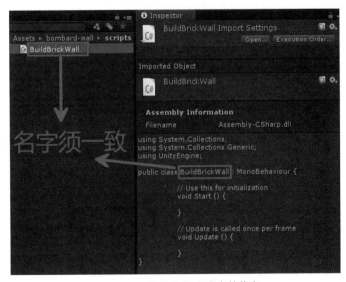

图5-32 BuildBrickWall脚本的信息

项目视图中新建文件夹：Assets文件夹→右键bombard-wall文件夹→Create→Folder命令，新文件夹重命名为"scripts"，如图5-29所示。

右键scripts文件夹→Create→C#Script命令完成新脚本创建并完成重命名，如图5-30和图5-31所示。

如图5-32所示，点击新创建的BuildBrickWall脚本，检视视图中可查看其对应的信息，脚本中现在已有的代码是Unity引擎自动创建的框架代码。

提示
　　自动创建的脚本里面代码类名和脚本外面文件名是完全一致的。若重新修改文件名，需注意和里面类名一致，否则挂载脚本会失败。

STEP2：代码创建一块砖

脚本代码中有一个继承自MonoBehaviour的类，其类名为脚本名字。该类定义了基本脚本行为，其常见方法（函数）如图5-33所示。

项目视图双击打开刚才的BuildBrickWall脚本，启动Microsoft Visual Studio脚本编辑窗口，如图5-34所示。

在脚本中添加创建砖块的代码，具体如图5-35所示。代码中先定义个存储砖块预设体的变量，变量的类型为GameObject类，然后通过Instantiate函数创建砖块预设体的一个实例。

Instantiate方法的输入参数有3个，从左到右依次为：需实例化的预设体、预设实例化后的坐标向量、预设实例化后的旋转角度。

图5-33　生命周期函数

提示

在Unity中任何要绑定到GameObject上的脚本都必须继承MonoBehaviour，否则该脚本就不能被挂载到GameObject。

图5-34　脚本编辑窗口

图5-35　添加代码（创建第一砖块）

提示

Instantiate方法是Unity3D中进行实例化的,提供对游戏对象进行复制操作的功能，返回值类型是GameObject。

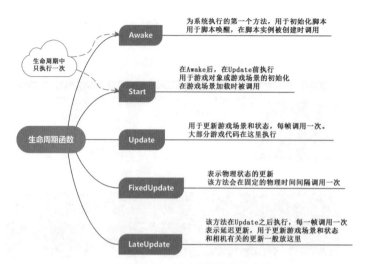

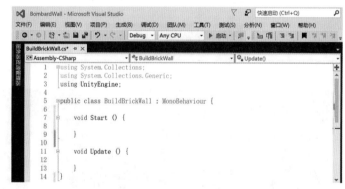

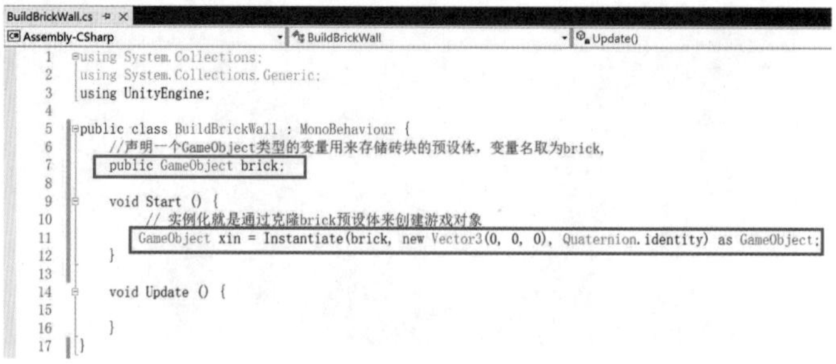

图5-36　拖拽脚本挂载到主摄像机

提示

声明为Public类型的变量会出现在检视视图的脚本组件处，可以方便地在检视视图中对其查看和编辑。

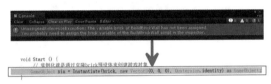

图5-37　错误提示

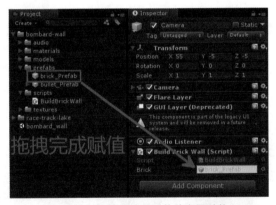

图5-38　拖拽砖块预设体给变量赋值

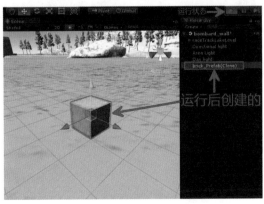

图5-39　运行后查看自动创建的砖块

STEP3：挂载运行脚本

保存脚本，回到Unity编辑器，将BuildBrickWall脚本拖拽到层级视图中的Camera对象，如图5-36所示，拖拽过去后脚本就挂载到Camera上。

（除了拖拽挂载脚本外，通过点击游戏对象→"Add Component"按钮→Scripts命令，也能实现脚本挂载到该游戏对象）

点击运行游戏，发现场景没有任何变化，底部有报错信息，双击错误信息，可以自动跳转到脚本编辑器中，光标会自动定位到对应的错误代码位置，如图5-37所示。由于代码中声明了brick变量，但是没有赋值。该变量用来存储砖块预设体。

解决方法如图5-38所示，点击相机对象→选中砖块预制体→拖拽到相机检视视图中的脚本组件BuildBrickWall的brick变量属性中，完成该变量的赋值。

点击"运行"按钮，场景视图中和层级视图中自动创建一个砖块对象，如图5-39所示。

STEP4：创建一排砖块

BuildBrickWall脚本中删除Update函数（暂时用不到）继续添加代码完成一排砖块的创建。

具体通过C#中的for循环语句创建多块砖，控制好砖块的*X*坐标位置，使得前后两块砖刚好贴合排放，代码如图5-40所示。

Unity中点击运行后发现Game视图中看不到砖块，因为此时砖块坐标离主摄像机太远。

如图5-41所示，修改Start函数代码，新创建的所有砖块会统一进行一个平移（160，2.5，-100），使砖块出现在主摄像机的视口中（平移参数仅供参考，可根据实际效果自行调整）。

再次运行后效果如图5-42所示，砖块正常地出现在游戏视图的中央。若要修改游戏视图中砖块的位置，可以调整主摄像机Camera的位置或修改代码中砖块平移参数的数值。

```
public class BuildBrickWall : MonoBehaviour {
    //声明一个GameObject类型的变量用来存储砖块的预设体，变量名取为brick，
    public GameObject brick;
    //一行砖块的个数
    int colNum = 10;

    void Start () {
        for (int i = 0; i < colNum; i++)//循环创建一排砖
        {
            // 实例化就是通过克隆brick预设体来创建游戏对象
            GameObject xin = Instantiate(brick, new Vector3(i, 0, 0), Quaternion.identity) as GameObject;
        }
    }
}
```

图5-40　单层for创建一排砖块

```
void Start () {
    for (int i = 0; i < colNum; i++)//循环创建一排砖
    {
        // 实例化就是通过克隆brick预设体来创建游戏对象
        GameObject xin = Instantiate(brick, new Vector3(i + 160, 2.5f, -100), Quaternion.identity) as GameObject;
    }
}
```

图5-41　修改砖块位置

图5-42　游戏视图中查看砖块

提示

场景视图用来构造游戏场景。游戏视图的画面主要取决于场景视图中主摄像机的位置和朝向。所以两个视图显示的内容不一样。

```
public class BuildBrickWall : MonoBehaviour
{
    //声明一个GameObject类型的变量用来存储砖块的预设体，变量名取为brick。
    public GameObject brick;
    //一行砖块的个数
    int colNum = 10;
    //一堵砖墙的行数
    int rowNum = 5;
    //平移向量
    Vector3 v = new Vector3(160, 2.5f, -100);

    void Start()
    {
        for (int i = 0; i < colNum; i++)//循环创建一排砖
        {
            for (int j = 0; j < rowNum; j++)
            {   // 实例化就是通过克隆brick预设体来创建游戏对象
                GameObject xin = Instantiate(brick, new Vector3(i, j, 0) + v, Quaternion.identity) as GameObject;
            }
        }
    }
}
```

图5-43　BuildBrickWall脚本最终代码

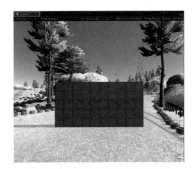

图5-44　游戏视图中查看砖墙

任务五：发射子弹功能

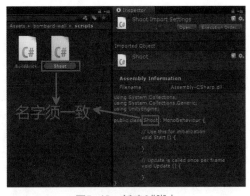

图5-45　新建C#脚本

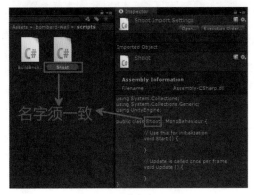

图5-46　C#脚本Shoot

STEP5：创建一堵砖墙

BuildBrickWall脚本中继续修改Start方法中的for循环代码，再增加一层for循环，控制砖块的行数。最终代码如图5-43所示，通过双层for循环完成砖墙的创建。

点击"运行"按钮，在游戏视图中查看最终砖墙的效果，如图5-44所示。

STEP1：自动发射子弹

右键scripts文件夹→Create→C#Script命令完成新脚本创建，如图5-45所示。

脚本重命名为"Shoot"（注意务必确保脚本文件名和代码内部类名字是一致的），如图5-46所示。

鼠标双击脚本Shoot，打开代码编辑器→添加如图5-47所示的代码并保存后回到Unity编辑器→鼠标左键拖拽脚本Shoot挂载到主摄像机Camera上（挂载方法等同BuildBrickWall）→鼠标左键拖拽子弹预制体到脚本组件Shoot的bulletPrefab变量属性中，完成该变量的赋值，整个操作如图5-48所示。

点击"运行"按钮，运行效果图如5-49所示。子弹自动发射效果是有了，不过子弹的发射位置不能在游戏视图中看到，从场景视图中可以看到子弹的位置离砖墙位置有一段距离。

```
public class Shoot : MonoBehaviour {
    //声明一个Rigidbody类型的变量，存储子弹预制体
    public Rigidbody bulletPrefab;
    void Start () {

    }
    void Update () {
        //这里定义类型为Rigidbody类型，因为需要用到这个类里面的AddForce方法
        Rigidbody bullet = Instantiate(bulletPrefab, new Vector3(0, 0, 0), Quaternion.identity);
        //调用AddForce给创建的子弹对象一个作用力
        bullet.AddForce(new Vector3(0,1,0));
    }
}
```

图5-47　自动发射子弹的代码

图5-48　挂载脚本和赋值预制体

图5-49　查看自动发射子弹效果

```
public class Shoot : MonoBehaviour {
    //声明一个Rigidbody类型的变量,存储子弹预制体
    public Rigidbody bulletPrefab;
    //声明一个游戏对象的变量,存储摄像机
    public GameObject MainCamera;
    void Start () {
    }
    void Update () {
        //这里定义类型为Rigidbody类型,因为需要用到这个类里面的AddForce方法
        Rigidbody bullet = Instantiate(bulletPrefab, MainCamera.transform.position, Quaternion.identity);
        //调用AddForce给创建的子弹对象一个作用力
        bullet.AddForce(new Vector3(0,1,0));
    }
}
```

图5-50　将子弹发射位置调整到摄像机位置

双击Shoot脚本在代码编辑器中修改子弹发射位置,修改后的参考代码如图5-50所示。

代码中把子弹发射的起始坐标设置跟主摄像机坐标一致。修改后的运行效果如图5-51所示,实现了游戏视图中子弹从眼前发射出去的效果。

图5-51　从眼前自动发射子弹的效果

表5-1　Input类中的成员方法

方法	作用
GetAxis	根据名称得到虚拟输入轴的值
GetAxisRaw	根据名称得到虚拟坐标轴的未使用平滑过滤的值
GetButton	如果指定名称的虚拟按键被按下时返回true
GetButtonDown	指定名称的虚拟按键被按下的那一帧返回true
GetButtonUp	指定名称的虚拟按键被松开的那一帧返回true
GetKey	如果指定的按键被按下时返回true
GetKeyDown	当指定的按键被按下的那一帧返回true
GetKeyUp	当指定的按键被松开的那一帧返回true
GetJoystickNames	返回当前连接的所有摇杆的名称数组
GetMouseButton	如果指定的鼠标按键被按下时返回true
GetMouseButtonDown	当指定的鼠标按键被按下的那一帧返回true
GetMouseButtonUp	当指定的鼠标按键被松开的那一帧返回true
GetTouch	返回指定的触摸数据对象(不分配临时变量)
GetAccelerationEvent	返回指定的上一帧加速度测量数据(不分配临时变量)
ResetInputAxes	重置所有输入,调用该方法后所有方向轴和按键的数值都变为0
IsJoystickPreconfigured	(仅限 Linux)若已预先配置该游戏杆布局返回 true, 否则返回 false

STEP2：鼠标控制发射子弹

Unity中的所有输入交互方法都在Input类中。

如表5-1所示,为Input类中的成员方法的介绍。

如图5-52所示,为Unity中实现鼠标按键功能的各种方法的对比说明。GetButtonDown和GetMouseButtonDown两个方法,都能实现鼠标左键按下的功能。

```
/*
 * 按下鼠标左键: Input.GetButtonDown("Fire1") 等效于 Input.GetMouseButtonDown(0)
 * 按下鼠标右键: Input.GetButtonDown("Fire2") 等效于 Input.GetMouseButtonDown(1)
 * 按下鼠标中键: Input.GetButtonDown("Fire3") 等效于 Input.GetMouseButtonDown(2)
 *
 * 释放鼠标左键: Input.GetButtonUp("Fire1") 等效于 Input.GetMouseButtonUp(0)
 * 释放鼠标右键: Input.GetButtonUp("Fire2") 等效于 Input.GetMouseButtonUp(1)
 * 释放鼠标中键: Input.GetButtonUp("Fire3") 等效于 Input.GetMouseButtonUp(2)
 *
 * 按住鼠标左键: Input.GetButton("Fire1") 等效于 Input.GetMouseButton(0)
 * 按住鼠标右键: Input.GetButton("Fire2") 等效于 Input.GetMouseButton(1)
 * 按住鼠标中键: Input.GetButton("Fire3") 等效于 Input.GetMouseButton(2)
 */
```

图5-52　鼠标按键方法的详细对比

在代码编辑器中修改代码，
如图5-53所示。

（Start方法在Shoot中暂时
用不到，可删除）

运行效果如图5-54所示，按
鼠标左键一次则发射一颗子弹。

但此时子弹是横向发射出
去的，需要进一步修改代码旋转子
弹的朝向。修改后的代码如图
5-55所示。

调整后的运行效果如图5-56
所示。子弹以弹头朝向发射出
去。

```
public class Shoot : MonoBehaviour
{
    //声明一个Rigidbody类型的变量,存储子弹预制体
    public Rigidbody bulletPrefab;
    //声明一个游戏对象的变量,存储摄像机
    public GameObject MainCamera;
    //该变量控制子弹的发射速度，值越大速度越快
    public float force = 1200f;
    void Update()
    {
        //判断是否按下鼠标左键,按一次调用一次
        if (Input.GetButtonDown("Fire1"))
        {
            //这里定义类型为Rigidbody类型，因为需要用到这个类里面的AddForce方法
            Rigidbody bullet = Instantiate(bulletPrefab, MainCamera.transform.position, Quaternion.identity);
            //调用AddForce给创建的子弹对象一个作用力
            bullet.AddForce(new Vector3(0, 0, 1)* force);
        }
    }
}
```

图5-53　鼠标左键单击发射子弹

图5-54　鼠标左键控制子弹发射的效果

```
//判断是否按下鼠标左键,按一次调用一次
if (Input.GetButtonDown("Fire1"))
{
    //这里定义类型为Rigidbody类型，因为需要用到这个类里面的AddForce方法
    Rigidbody bullet = Instantiate(bulletPrefab, MainCamera.transform.position, Quaternion.identity);
    //子弹旋转90度，以弹头方向射出去
    bullet.transform.Rotate(0, 90, 0);
    //调用AddForce给创建的子弹对象一个作用力
    bullet.AddForce(new Vector3(0, 0, 1)* force);
}
```

图5-55　调整子弹弹头朝向

图5-56　正确的子弹朝向效果

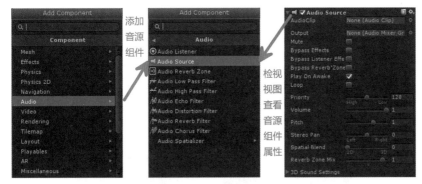

图5-57　添加音源组件

```
public class Shoot : MonoBehaviour
{
    //声明一个Rigidbody类型的变量,存储子弹预制体
    public Rigidbody bulletPrefab;
    //声明一个游戏对象的变量,存储摄像机
    public GameObject MainCamera;
    //该变量控制子弹的发射速度,值越大速度越快
    public float force = 1200f;
    //存放发射声音
    public AudioClip fireAudio;
    void Update()
    {
        //判断是否按下鼠标左键,按一次调用一次
        if (Input.GetButtonDown("Fire1"))
        {
            //这里定义类型为Rigidbody类型,因为需要用到这个类里面的AddForce方法
            Rigidbody bullet = Instantiate(bulletPrefab, MainCamera.transform.position, Quaternion.identity);
            //子弹旋转90度,以弹头方向射出去
            bullet.transform.Rotate(0, 90, 0);
            //调用AddForce给创建的子弹对象一个作用力
            bullet.AddForce(new Vector3(0, 0, 1)* force) ;
            //播放子弹发射的声音
            GetComponent<AudioSource>().PlayOneShot(fireAudio);
        }
    }
}
```

图5-58　添加子弹发射声音

图5-59　拖拽声音素材进行赋值

STEP3：添加子弹声音

在层级视图选中主摄像机Camera→检视视图中Add Component按钮→Audio→Audio Source，如图5-57所示，完成音源组件的添加，用来播放声音。

在代码编辑器中打开Shoot脚本，添加代码如图5-58所示。

在项目视图中找到audio文件夹下的声音素材Explosion→拖拽赋值给主摄像机Camera中的Shoot脚本组件下的属性fireAudio，如图5-59所示。

可在运行游戏后点击鼠标发射子弹，检查声音效果。

107

STEP4: 子弹自动销毁

右键scripts文件夹→Create→C#Script，创建新脚本并重命名Destroy→双击该脚本打开代码编辑器，删除Update方法，在Start方法里面添加代码，如图5-60所示。

选中子弹预设体→拖拽Destroy脚本到子弹预设体上，如图5-61所示，完成销毁脚本的挂载。运行游戏后所有子弹都会在发射后2秒钟自行销毁，可以节省游戏运行内存。

```csharp
public class Destroy : MonoBehaviour {

    // Use this for initialization
    void Start () {
        //使该脚本所挂载的游戏物体在2秒钟后消失
        Destroy(this.gameObject, 2f);
    }
}
```

图5-60　自动销毁的代码

图5-61　挂载销毁脚本到子弹预设体

任务六：镜头的移动和旋转

STEP1: 控制镜头自由移动

右键scripts文件夹→Create→C#Script，创建新脚本并重命名"MoveCamera"→拖拽脚本挂载到主相机Camera。

双击该脚本打开代码编辑器→删除Start方法→添加代码，如图5-62所示。

点击"运行"按钮后可控制镜头"上下左右前后"的自由移动浏览游戏场景，如图5-63所示。

```csharp
public class MoveCamera : MonoBehaviour {
    public float moveSpeed = 10; //控制镜头移动的速度
    void Update () {
        //deltaTime指的是上一帧到现在所经过的时间，也就是一帧到现在这一帧间隔的时间
        //对应键盘上左右箭头或者a,d按键，控制水平位移
        float h = Input.GetAxis("Horizontal") * moveSpeed * Time.deltaTime;
        //对应键盘上上下箭头或者w,s按键，控制垂直位移
        float v = Input.GetAxis("Vertical") * moveSpeed * Time.deltaTime;
        //通过滚轮滑动控制镜头前进和后退
        float z = Input.GetAxis("Mouse ScrollWheel") * moveSpeed;
        //通过按键Q和按键E控制镜头前进和后退
        if (Input.GetKey(KeyCode.Q)) z = z + 0.1f;
        if (Input.GetKey(KeyCode.E)) z = z - 0.1f;
        //移动该脚本所挂载的游戏物体，沿着x,y和z轴分别移动h,v和z的长度
        transform.Translate(h, v, z);
    }
}
```

图5-62　实现镜头自由移动

图5-63　移动镜头浏览场景

```
public class MoveCamera : MonoBehaviour {
    //控制镜头移动的速度
    public float moveSpeed = 10;
    //鼠标滑动时对应的X方向的位移，初始值为0，默认鼠标还没滑动
    float rotationX = 0f;
    //鼠标滑动时对应的Y方向的位移，初始值为0，默认鼠标还没滑动
    float rotationY = 0f;
    //鼠标沿着屏幕X方向移动的灵敏度
    float lmdX = 10f;
    //鼠标沿着屏幕Y方向移动的灵敏度
    float lmdY = 10f;
    void Update () {
        //deltaTime指的是上一帧到现在这一帧所经过的时间
        //对应键盘上左右箭头或者a,d按键，控制水平位移
        float h = Input.GetAxis("Horizontal") * moveSpeed * Time.deltaTime;
        //对应键盘上上下箭头或者w,s按键，控制垂直位移
        float v = Input.GetAxis("Vertical") * moveSpeed * Time.deltaTime;
        //通过滚轮滑动控制镜头前进和后退
        float z = Input.GetAxis("Mouse ScrollWheel") * moveSpeed;
        //通过按键Q和按键E控制镜头前进和后退
        if (Input.GetKey(KeyCode.Q)) z = z + 0.1f;
        if (Input.GetKey(KeyCode.E)) z = z - 0.1f;
        //移动该脚本所挂载的游戏物体，沿着x,y和z轴分别移动h,v和z的长度
        transform.Translate(h, v, z);
        //按下键盘空格键的同时移动鼠标，来进行镜头的全方位旋转
        if (Input.GetKey(KeyCode.Space))
        {
            //GetAxis("Mouse X"):表示鼠标沿着屏幕的X方向滑动的距离
            rotationX += Input.GetAxis("Mouse X") * lmdX;
            //GetAxis("Mouse Y"):表示鼠标沿着屏幕的Y方向滑动的距离
            rotationY += Input.GetAxis("Mouse Y") * lmdY;
            //旋转摄像机朝向
            transform.localEulerAngles = new Vector3(-rotationY, rotationX, 0);
        }
    }
}
```

图5-64　镜头的任意旋转

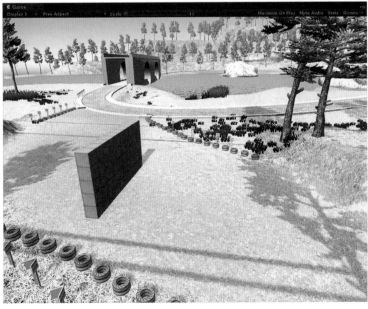

图5-65　控制镜头漫游场景

STEP2：控制镜头任意旋转

自由移动功能可控制镜头到达场景的任何位置。但无法做到各个角度的观察。

双击MoveCamera脚本，继续添加代码，如图5-64所示，通过空格按键加鼠标滑动的操作方式实现镜头的任意旋转功能。

如图5-65所示，运行游戏后可自由移动、任意旋转镜头漫游整个游戏场景。

此时再点击鼠标左键发射子弹会发现发射的子弹发射方向并没有跟随摄像机的朝向。

接下来还须回到Shoot脚本中修改代码，进一步完善发射子弹的逻辑。

任务七：完善子弹发射逻辑

STEP1: 子弹发射方向修改

双击脚本Shoot→打开代码编辑器→修改Update方法中的代码，如图5-66所示。把摄像机当前的朝向的向量作为参数传递给AddForce方法中，保证了子弹发射方向和摄像机朝向的一致。

```
void Update()
{
    //判断是否按下鼠标左键,按一次调用一次
    if (Input.GetButtonDown("Fire1"))
    {
        //这里定义类型为Rigidbody类型,因为需要用到这个类里面的AddForce方法
        Rigidbody bullet = Instantiate(bulletPrefab, MainCamera.transform.position, Quaternion.identity);
        //子弹旋转90度,以弹头方向射出去
        bullet.transform.Rotate(0, 90, 0);
        //调用AddForce给创建的子弹对象一个作用力
        bullet.AddForce(MainCamera.transform.forward * force);     摄像机朝向
        //播放子弹发射的声音
        GetComponent<AudioSource>().PlayOneShot(fireAudio);
    }
}
```

图5-66 修改子弹发射方向

STEP2: 子弹初始角度修改

继续完善Shoot脚本中的Update方法中的if语句，如图5-67所示。把摄像机的当前旋转角度传递给子弹，保证了子弹在创建后初始旋转角度就和摄像机旋转角度完全一致。

```
//判断是否按下鼠标左键,按一次调用一次
if (Input.GetButtonDown("Fire1"))
{
    //这里定义类型为Rigidbody类型,因为需要用到这个类里面的AddForce方法
    Rigidbody bullet = Instantiate(bulletPrefab, MainCamera.transform.position, MainCamera.transform.rotation);
    //子弹旋转90度,以弹头方向射出去
    bullet.transform.Rotate(0, 90, 0);
    //调用AddForce给创建的子弹对象一个作用力
    bullet.AddForce(MainCamera.transform.forward * force);
    //播放子弹发射的声音                          摄像机的旋转角度
    GetComponent<AudioSource>().PlayOneShot(fireAudio);
}
```

图5-67 修改子弹初始角度

炮打砖墙游戏的最终运行效果如图5-68所示。

图5-68 游戏的最终运行效果

小结与训练

小结：

做完本游戏你是否对Unity的脚本程序有了更进一步的了解？通过案例的训练相信同学们对脚本程序的创建、生命周期方法的调用、基本物理组件和声音组件的使用，预设体的制作，游戏对象的创建和销毁，鼠标键盘事件的触发方式，镜头的变换控制等知识点有更深入的掌握。

思考题：

1.Destroy脚本如果不小心挂载到了主摄像机上，会发生什么？
2.当前砖墙只有一堵，如何用for循环实现连续多堵墙叠在一起的效果？

训练题：

1.修改代码实现每隔0.5秒自动发射子弹的效果。
2.修改代码实现按住鼠标左键连续发射子弹的效果。
3.修改代码实现按住鼠标右键同时发射两颗子弹的效果。

第六章　UI设计与制作

项目目标：

（1）了解用UGUI设计UI界面的步骤；

（2）掌握UGUI中常用的UI元素的使用；

（3）能编写简单的事件侦听脚本，熟悉事件侦听的设置

配套微课　拓展资源

简介

UI全称是User Interface，即用户界面，包含人机交互、操作逻辑和界面美观的整体设计。UI的概念运用于各行各业，例如电脑操作系统、手机、网站等，几乎所有需要用户操作的地方都会涉及用户界面。好的UI设计不但能使操作变得容易理解、简单易用，还能做到简洁美观，给用户带来舒适的操作体验。以游戏制作为例，无论什么游戏，玩家都需要进行操作，如何让玩家体会到游戏的乐趣，而不被复杂和频繁的操作困扰？游戏中提供了如进入游戏的菜单、输入账号密码的登录界面、角色状态、背包和各种各样的提示框等UI界面，方便用户的操作。UI界面在制作前，需要用Photoshop设计好UI界面的效果图，裁切出UI界面制作时需要的各种图片素材。

Unity中的UI界面多为浮动于三维空间中的一个二维界面，用来展示信息或提示用户进行相应的操作。例如，在图6-1的游戏界面中，分值、生命值、人物技能和返回按钮等构成了游戏的UI层，它不属于游戏空间，浮动在游戏的三维场景中，无论后面的游戏场景如何变化，整个UI层都是显示在屏幕之上。

图6-1　游戏中的UI界面

UGUI

在Unity中，提供了NGUI和UGUI两种制作UI界面的系统，其中UGUI以其直观的操作性、组件基础的扩展性、灵活的布局功能和开放源码的优点，逐渐成为Unity中制作UI界面的首选。UGUI提供了画布、文本、图像、按钮、开关、滚动条等组件，使用这些组件，可以快速组建UI界面，本章将使用这些组件来完成一组游戏UI界面的制作。

画布

画布（Canvas）是Unity中容纳所有UI元素的区域，是一种带有Canvas组件的对象，是所有UI元素的父元素。如果场景中没有画布的话，任意创建一个UI元素，就会自动生成画布。画布中的UI元素按照它们在层级视图面板中的排列顺序渲染。创建画布或UI元素时，会自动创建一个EventSystem对象来协助消息系统。

画布有Screen Space-Overlay、Screen Space-Camera和World Space三种渲染模式，用于画布在屏幕空间或世界空间中进行渲染。Screen Space-Overlay模式下，画布会覆盖整个屏幕，如调整屏幕分辨率，画布大小随之变化；Screen Space-Camera模式下，画布放置在指定摄像机前的一个给定距离处，摄像机的设置会影响到UI元素的呈现效果；World Space模式下，画布的行为与场景中的所有其他对象相同，可以和其他对象一样进行放大缩小、旋转等操作，画布中的UI元素将基于3D位置在场景中的其他对象前面或后面渲染。本章案例的画布采取Screen Space-Overlay模式进行渲染。

图6-2　画布的渲染模式

任务截图

任务一：制作登录界面

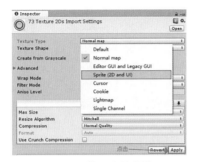

图6-3　设置图片类型

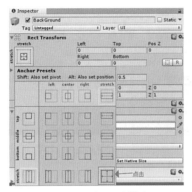

图6-4　设置图片锚点

提示

　　锚点设置可以让UI元素适应不同的屏幕分辨率，当屏幕分辨率变化时，按照预设锚点设置调整UI界面元素布局。

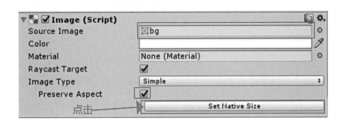

图6-5　设置图片属性

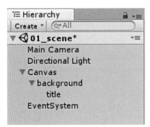

图6-6　元素层级关系　　　　图6-7　设置图片后的效果图

STEP1：导入图片素材

　　在项目视图中的Assets目录下新建pic目录，将图片素材拖入pic目录下，将图片的类型设置为精灵类型，如图6-3所示。

STEP2：制作背景

　　使用菜单GameObject→UI→Image创建图像，按住Ctrl+Alt键，在检视视图中选择Rect Transform组件上的"Anchor Presets"按钮，进行预设锚点设置（和屏幕一致），如图6-4所示。

　　将导入的背景素材拖入Image的Source Image中，勾选Preserve Aspect复选框，设置Image的大小和图片素材一致，如图6-5所示。

　　用同样的方法设置标题图片，需要注意的是预设锚点的设置（居中），元素的层级关系如图6-6所示，效果如图6-7所示。

115

STEP3：制作按钮

使用菜单 GameObject→UI →Button创建按钮，按钮组件由图片和文本（Text）组成，如图6-8所示。将预设字体拖入Assets目录下，选择按钮的图片，设置图片为导入的按钮素材，选择文本，按图6-9所示设置文本的内容、字体和大小。

在层级视图中选择设计好的"进入"按钮，按Ctrl+D键复制1个按钮，将复制后的按钮的文字修改为"退出"，调整其位置，效果如图6-10所示。

STEP4：制作输入用户名和密码的隐藏对话框

选择Pic目录下的frame6图片，在检视视图中点击"Sprite Editor"按钮，对图片精灵进行切片编辑，使其大小发生变化时四个角不发生变化，如图6-11所示。

添加Image组件制作外边框，将其命名为"InputFrame"，设置其图片为frame6，图像的类型为Sliced，调整其大小，如图6-12所示。

图6-8　按钮组件构成

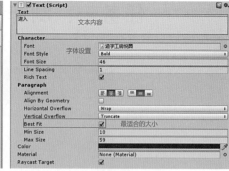

图6-9　按钮文本设置

图6-10　添加按钮后的效果图

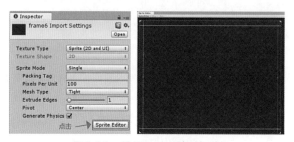

图6-11　设置frame6精灵切片

提示

精灵切片是将图像分割为九宫格的形式，Image的类型设置为Sliced类型，调整其大小时，图像四个角的尺寸可保持不变，多用于UI界面的框架和按钮图片，后面的框架图片按此法调整。

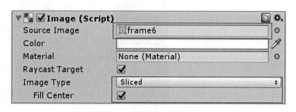

图6-12　设置图片属性

116

图6-13　添加图片后的效果图

图6-14　添加文本后的效果图

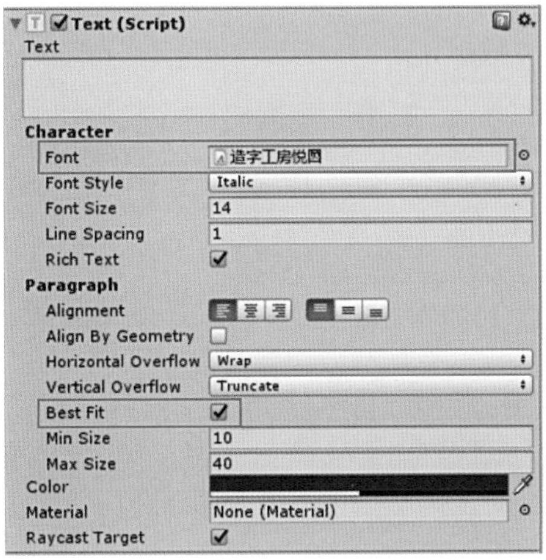

在InputFrame对象下添加3个Image组件制作对话框标题栏，设置其对应图片，调整大小，制作完成后的效果如图6-13所示。

在InputFrame对象下添加2个Text组件，设置其文本内容分别为"用户名"和"密码"，调整字体和颜色，效果如图6-14所示。

图6-15　设置Placeholder文本对象属性

图6-16　设置输入框InputPsw属性

在InputFrame对象下，使用菜单GameObject→UI→InputField添加两个输入框，将其命名为InputUser和InputPsw，可以看到输入框由"Placeholder"和"Text"两个文本对象组成，分别设置两个对象的Best Fit属性为选中状态，设置输入框的背景图片和输入文本类型，如图6-15和图6-16所示。

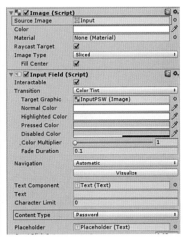

在InputFrame对象下添加1个按钮，设置按钮组件对应图片和文字，完成后的效果如图6-17所示。

选择InputFrame对象，设置其不可见，隐藏输入界面，如图6-18所示。

图6-17　完成后的输入界面效果图

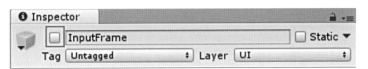
图6-18　隐藏输入界面

STEP5：创建C#脚本

使用菜单Assets→Create→
C Script命令，创建一个名称
为BClick的C#脚本文件，编写
"进入""退出""确定"和
"X"四个按钮的脚本，源代码
如图6-19所示。

图6-19　C 脚本

STEP6：进行事件监听

使用菜单GameObject→
Create Empty创建空对象，将
BClick脚本文件拖拽到空对象
上，如图6-20所示。在空对象
的属性面板中，将脚本中的名
称为"Img"的图像变量设置为
InputFrame对象（输入界面），
如图6-21所示。

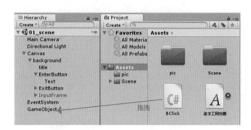

图6-20　关联C#脚本与对象

图6-21　设置脚本变量对应的对象

选择InputFrame对象（输入
界面）下的"×"图片，在其
属性面板中添加Button组件，使
其具有按钮功能，如图6-22所
示。在Button组件中，点击添加
事件监听按钮，将空对象拖拽到
对象框，然后在列表中选择对应
的closeClick事件，如图6-23所
示。

按照同样的方式，为登录界
面中其他三个按钮进行事件监听
代码的绑定。

图6-22　添加Button组件

提示
对于非按钮对象，可以通过添加Button组件的方式，使其具有按钮的功能。

图6-23　事件监听代码绑定

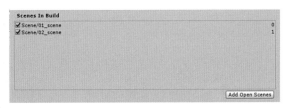

图6-24　建立场景间关联

任务二：制作人物界面

图6-25　添加背景和人物后的效果图

图6-26　左箭头按钮设计效果

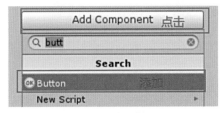

图6-27　添加Button组件

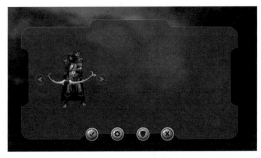

图6-28　制作按钮后的效果图

保存当前场景为"01_ scene"，新建一个名称为"02_ scene"的场景，使用菜单 File→Build Settings命令，将两 个场景拖拽到打开的窗口中，建 立场景之间的关联，如图6-24所 示。回到"01_scene"场景，运 行后点击按钮查看效果。

STEP1：制作背景和人物界面

新建场景，采用和任务一相 同的方式，制作背景图片。

再创建2个Image对象，将其 图片分别设置为一张框架图片和 一张人物图片，调整图片大小， 完成后的效果如图6-25所示。

STEP2：制作按钮

创建2个Image对象，分别设 置其图片为圆和左箭头，其层级 关系和效果如图6-26所示。选择 层级在上的图像对象，在属性面 板中添加Button组件，使其具有 按钮功能，如图6-27所示。

采用同样的方法，制作界面 上的其余5个按钮，完成后的效 果如图6-28所示。

STEP3：制作人物属性

添加Image对象，设置其图片为框架图片，调整大小，效果如图6-29所示。

添加1个Text对象，设置其文字为"HP"，按图6-30设置其属性。在Text对象的下面添加2个Image对象，设置图片分别为圆环和宝石，调整大小，完成后的层级关系和效果图如图6-31所示。

使用菜单 GameObject→UI →Slider添加1个滑块，Slider展开后，可以看到它由Background（背景图像）、Fill Area（滑动后填充区域图像）和 Handle Slide Area（滑块图像）3个对象组成，制作体力值，不需要滑块，设置Handle Slide Area对象不可见。分别修改设置Background对象和Fill Area对象下的Fill对象的 Source Image属性，设计进度条的外观。选择Slider对象，设置滑块的Max Value（最大值）和Min Value（最小值）属性，关闭其Interactable属性，设置如图6-32所示。

添加Text对象，输入相关文字，完成后的层级关系和效果如图6-33所示。

图6-29 添加框架图片后的效果图

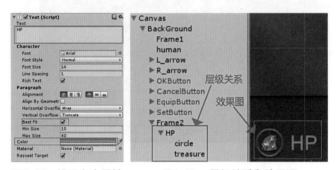

图6-30 设置文本属性　　图6-31 层级关系和效果图

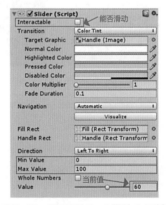

图6-32 设置Slider（滑块）属性

提示

滑块可以经常用来制作进度条，玩家生命值或者经验值等，不需要滑动操作，可关闭Interactable属性。

图6-33 层级关系和效果图

图6-34　效果图

图6-35　人物属性完成后的效果图

选择制作好的HP的进度条，按Ctrl+D键复制2份，调整位置，修改对应的文字、图片和滑块属性，完成后的效果如图6-34所示。

添加Text对象，制作标题为"精灵"，添加Image对象，制作如图6-35所示的技能栏。

STEP4：创建C#脚本

使用菜单Assets→Create→C#Script 命令，创建一个名称为ChangeTP的C#脚本文件，编写界面上左右箭头的图片切换脚本，源代码如图6-36所示。

```csharp
using System.Collections;
using System.Collections.Generic;
using UnityEngine;
using UnityEngine.UI;
using UnityEngine.EventSystems;
public class ChangeTP : MonoBehaviour {
    private int i;  //数组下标
    //下面为人物名称和属性值
    private int[] hp= { 60, 65, 75, 90, 80 };
    private int[] mp= { 75, 90, 85, 90, 60 };
    private  int[] exp = { 30, 50, 65, 75, 90 };
    public string[] hum_name = { "精灵", "天使", "骑士", "兽人", "武士" };
    //下面为图片、滑块、文本对象和图片数组
    public Image hum_img;
    public Sprite[] hum_imgs;
    public Text h_name, hp_text, mp_text, exp_text;
    public Slider hp_value, mp_value, exp_value;
    public string select_button ;
    public void sp()
    {   select_button = EventSystem.current.currentSelectedGameObject.name;  //获取当前点击按钮名称
        if(select_button== "L_arrow")  //点击的是向左的箭头时
        {   i = i - 1;
            if (i <0) { i = hum_imgs.Length - 1; }
            hum_img.overrideSprite = hum_imgs[i]; //设置人物图片
            h_name.text = hum_name[i];  //设置人物名称
            //设置人物属性
            hp_text.text = hp[i].ToString()+ "/100";
            mp_text.text = mp[i].ToString() + "/100";
            exp_text.text = exp[i].ToString() + "/100";
            hp_value.value = hp[i];
            mp_value.value = mp[i];
            exp_value.value = exp[i];
        }
        else  //点击的是向右的箭头时
        {   i = i + 1;
            if (i >hum_imgs.Length -1) { i = 0; }
            hum_img.overrideSprite = hum_imgs[i];
            h_name.text = hum_name[i];
            hp_text.text = hp[i].ToString() + "/100";
            mp_text.text = mp[i].ToString() + "/100";
            exp_text.text = exp[i].ToString() + "/100";
            hp_value.value = hp[i];
            mp_value.value = mp[i];
            exp_value.value = exp[i];
        }
    }
}
```

图6-36　C#脚本

STEP5：进行事件监听

使用菜单GameObject→Create Empty创建空对象，将ChangeTP脚本文件拖拽到空对象上。在空对象的属性面板中，为脚本中的变量设置其在界面中对应的对象，如图6-37所示。

选择界面上的"左箭头"按钮的Button组件，点击添加事件监听按钮，将空对象拖拽到对象框，然后在列表中选择对应的sp事件，如图6-38所示。用同样的方法完成"右箭头"按钮的事件监听。运行后点击左右箭头，查看图片切换效果。

STEP1：制作背景和公告框

新建场景，采用和任务一相同的方式，制作背景图片。再创建4个Image对象，将其图片分别设置为框架图片、公告栏图片、问号图片和关闭图片，调整图片大小，完成后的效果如图6-39所示。

STEP2：公告文字和滚动条

添加两个Text对象，内容分别为"公告"和公告的具体内容，完成后的效果如图6-40所示。

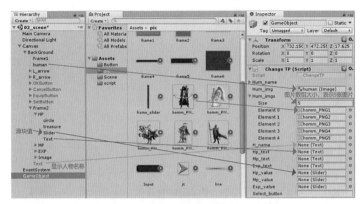

图6-37　设置脚本变量对应的对象

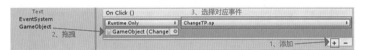

图6-38　事件监听代码绑定

任务三：制作公告栏

图6-39　背景和公告框效果图

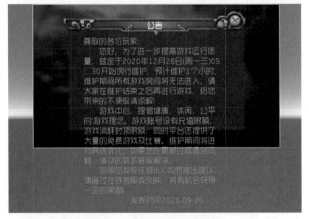

图6-40　添加文本后效果图

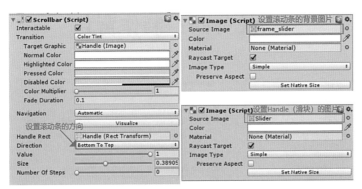

图6-41　设置滚动条属性

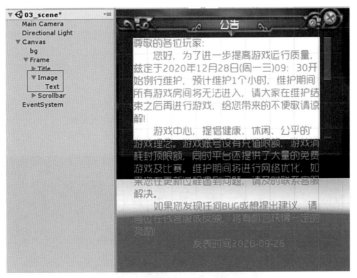

图6-42　创建Image对象后的效果图

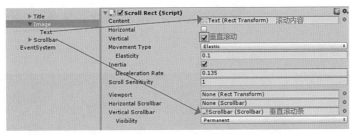

图6-43　添加Image对象的Scroll Rect组件并设置

图6-44　添加Image对象的Mask组件并设置

使用菜单GameObject→UI→SCrollBar添加1个滚动条，设置滚动条的方向为"Buttom to Top"，设置滚动条的背景图片，选择滚动条对象下的"Handle"（滑块）对象，设置滑块的图片，设置如图6-41所示。

创建一个Image对象，将公告内容所在的Text对象置于Image对象的层级之下，调整Image对象的大小作为文字的显示区域，如图6-42所示。给Image对象添加Scroll Rect组件，设置Image对象可以垂直滚动，滚动对象为Image对象下的文本，垂直滚动条为前面添加的滚动条对象，设置如图6-43所示。给Image对象添加一个Mask组件，不勾选Mask组件的Show Mask Graphic属性，如图6-44所示。运行后拉动滑块，查看滑动效果。

提示

　　在制作滑动内容时，可以通过给Image对象添加Mask和Scroll Rect组件来实现内容的滑动。

任务四：制作背包

STEP1：制作背景和按钮

打开任务二创建的场景，在项目视图中的Assets目录下新建Button目录，分别选择层级视图中设计好的"设置""背包"等四个按钮，将其拖动到项目视图的Button目录中，将其转换为可多次重用的预制体，如图6-45所示。

新建场景，采用和任务二相同的方式，制作背景、框架、框架上的按钮（可将制作好的预制体直接拖入）和文字，设计完成后的效果如图6-46所示。

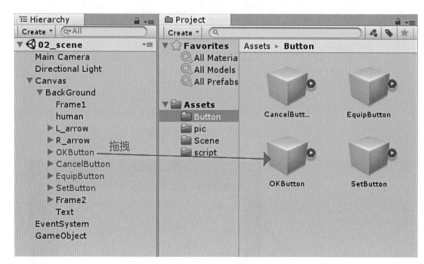

图6-45　制作可以多次重用的游戏对象

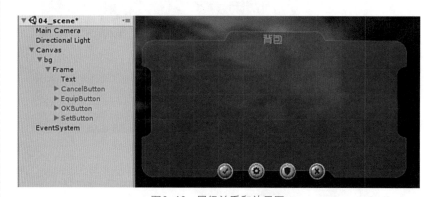

图6-46　层级关系和效果图

STEP2：制作选项卡

新建一个Image对象，将其命名为"Tabgroup"，设置其图片为frame2，设置其图片类型为Sliced类型，调整其大小，效果如图6-47所示。

图6-47　效果图

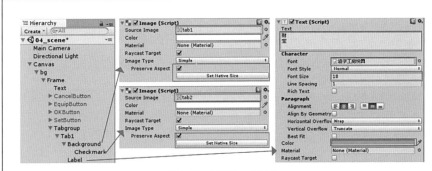

图6-48　设置Tab1属性

图6-49　选项卡制作完成后效果图

图6-50　Tabgroup对象添加Toggle Group组件

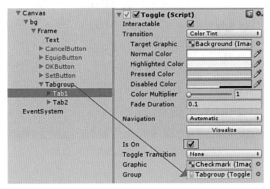

图6-51　设置Tab1对象的Group属性

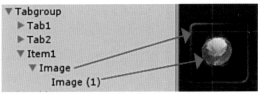

图6-52　制作一个物品栏的效果图

使用菜单GameObject→UI→Toggle在Tabgroup对象下添加1个复选框，命名为Tab1，将其展开，可以看到它由BackGround（背景图片）、Checkmark（选中图片）和Label（文字）组成，设置对应的背景图片和选中图片，将文字设置为"财宝"，设置过程如图6-48所示，可以勾选Tab1对象的"Is On"属性检测设计效果。

选中Tab1，按Ctrl+D键复制一份，命名为Tab2，修改文字为"装备"，设计完成后效果如图6-49所示。

选择Tabgroup对象，为其添加Toggle Group组件，如图6-50所示。

分别将Tab1和Tab2对象的Group属性设置为Tabgroup，勾选Tab1对象的"Is On"属性，如图6-51所示。

STEP3：制作不同选项卡内的物品

使用菜单GameObject→Create Empty创建一个空对象，将其命名为"Item1"，在Item1下创建两个Image对象，放置物品栏和对应的物品，完成后的效果如图6-52所示。

125

创建一个空对象，命名为"Grid1"，为其添加Grid Layout Group组件。将Item1对象移动到Grid1对象之下，按Ctrl+D键复制20个，选择每个复制的Item1对象，将其中的物品图片置换成其他物品图片或设置为不可见。调整Grid1对象的大小和设置Cell Size、Spacing和Child Alignment属性，将里面摆放的物品设置为3行7列，如图6-53所示，完成效果图如图6-54所示。

选择Grid1，按Ctrl+D键复制一份，命名为Grid2，设置Grid1不可见，修改Grid2内对应的物品内容，完成效果如图6-55所示。

STEP4：设置点击选项卡显示不同物品栏

选择Tab1对象，点击添加事件监听按钮，拖拽Grid1到对象框，选择其对应的程序为GameObject下的SetActive，表示当Tab1被选中时，显示Grid1的内容，如图6-56所示。

用同样的方法处理Tab2，设置当Tab2被选中时，显示Grid2的内容。

图6-53 设置物品图像不可见和网格元素大小、间距、对齐方式

提示

如果需要将多个对象按照网格方式摆放，可以将网格中的元素放置到一个空对象中，这样在调整网格对象中元素的大小时，不会影响元素的大小，只是调整空对象的大小。

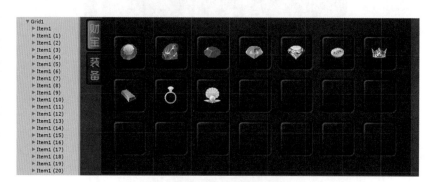

图6-54 Grid1内的物品清单完成效果

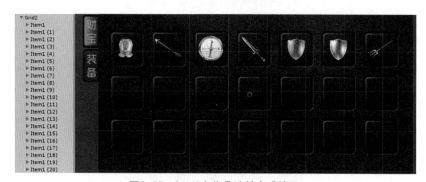

图6-55 Grid2中物品清单完成效果

图6-56 设置Tab1的事件侦听

小结与训练

小结：

做完以上的四个任务，你是否对Unity中使用UGUI设计UI界面有了初步的了解？采用Unity提供的UI组件，可以根据设计效果图制作各种UI界面。本章节中的练习，Canvas采用的Screen Space-Overlay的渲染模式，如果要采用二维的UI界面配合三维的场景，Canvas可以采用Screen Space-Camera和World Space渲染模式，希望初学者去尝试一下这两种渲染模式。

思考题：

1.Unity中各种UI组件的作用是什么？如何修改组件外观？

2.UI组件是如何进行事件侦听的？

训练题：

应用提供的素材，完成"设置"界面的制作。

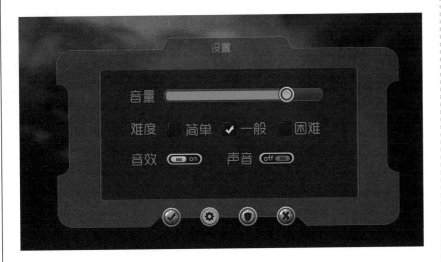

第七章　案例详解：房地产虚拟样板房设计

项目目标：

（1）根据户型图完成整个室内建模
（2）制作UI界面，完成UI事件监听脚本编写
（3）完成整个项目其余交互功能的脚本编写
（4）完成项目程序的最终发布

简介

三维虚拟样板房设计注重交互，制作一个在虚拟空间中移动并可以通过键盘和鼠标控制漫游和旋转视角等操作的交互案例，对Unity的学习十分有帮助。本案例主要介绍如何从设计开始完成一个小型的虚拟样板房的案例，主要涉及样板房模型的制作与导入、简单UI界面的搭建、摄像机轨迹和交互等功能。

本章作为虚拟现实的入门式教程为大家打开步入虚拟现实的大门。有兴趣的学生可以通过学习该部分内容掌握VR虚拟样板间的制作方法，客户不再需要根据户型图、效果图去琢磨或者想象三维立体造型，带上VR头盔，犹如走进真实的样板房一样，体验房间的布局、空间尺度。三维虚拟样板房高度还原未来房屋实景，使客户有身临其境之感。这种体验画面感逼真、立体感和真实感强烈。

任务截图

STEP1：导入户型图

导入户型图： 打开 Cinema 4D R20后，双击C4D图标启动软件，进入操作界面，如图 7-1 所示。

点击右下脚区域模式菜单，在下拉菜单中点击视图设置如图 7-2所示。

选择顶视图，在模式菜单下点击背景，在图像选项中导入附件中的"户型平面图"文件作为参考背景，如图7-3所示。

点击顶视图，在视图中已出现参考背景，缩放视图，参考背景也随之缩放，如图7-4所示。

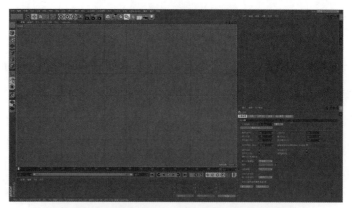

图7-1　操作界面

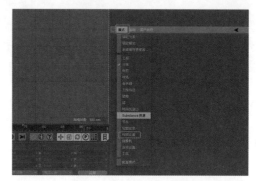

图7-2　点击视图设置

图7-3　点击背景，导入附件

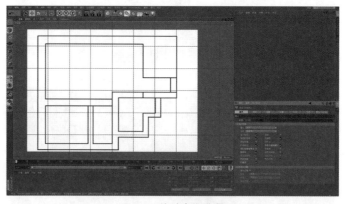

图7-4　缩放参考背景

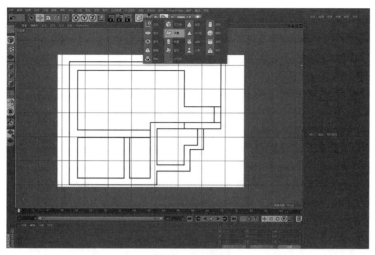

图7-5　选择平面

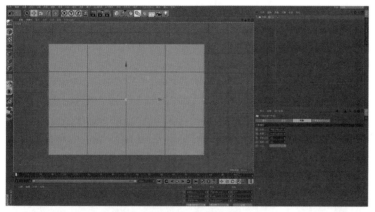

图7-6　建立一个平面

图7-7　点击模式按钮

新建平面： 点击视图上方的立方体按钮，选择平面，如图7-5所示。

在顶视图中建立一个平面，如图7-6所示。

此时可以看到新建的平面模型遮挡参考背景。点击模式按钮，选择视图设置，右侧属性栏为视窗属性（模型物体可以以半透明的形式显示，这样既能看清模型及布线，又能透过模型看到其他物体与图形，因此在进行复杂建模的时候通常会采用此种显示模式来提升建模效率与精度），如图7-7所示。

透显显示：在视窗属性栏目
中选择显示选项。勾选下方的透
显复选框，将模型以透显方式显
示，如图7-8所示。

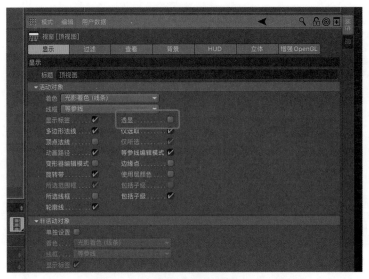

图7-8　选择显示选项

查看顶视图，此时模型以透
显方式显示，可以看到背景参考
图，如图7-9所示。

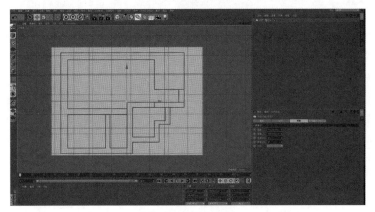

图7-9　查看顶视图

边模式：点击左侧工具栏中
边模式按钮，模型进入边的编
辑模式，如图7-10所示。

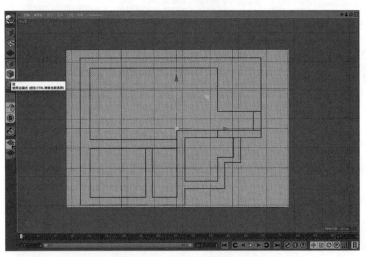

图7-10　边的编辑模式

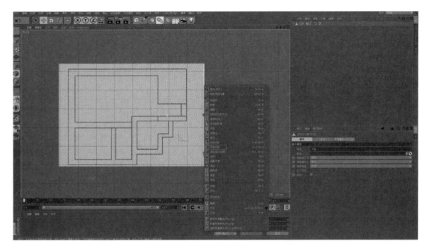

图7-11　选择平面切割

选中模型，右键弹出窗中选择"平面切割"选项，如图7-11所示。

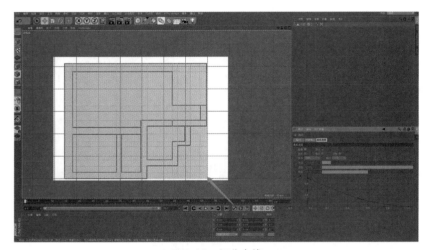

图7-12　细分布线

添加模型细分：利用"平面切割"工具，在模型表面按照墙体参考图的分布，细分布线（配合Shift按键可以启动正交模式，使细分线段垂直或者水平）。如图7-12所示。

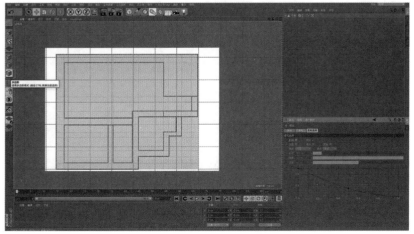

图7-13　最终细分模型

最终细分模型，如图7-13所示。

选择墙面: 选择左侧工具栏的面选择按钮 ⬚。将细分完成模型的墙体部分的面全部选中,如图7-14所示。

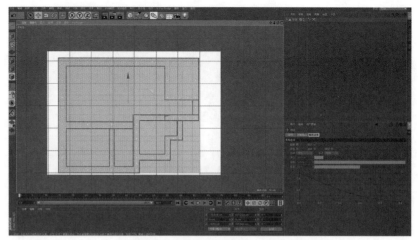

图7-14　选中墙体部分的面

移动并复制: 按住Ctrl键,配合坐标y轴锁定,做向上移动复制操作。如图7-15所示。

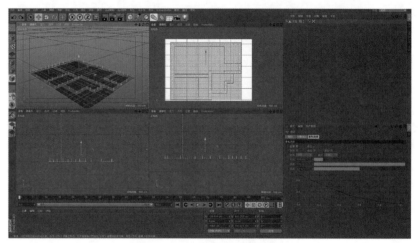

图7-15　向上移动的复制操作

此时我们看到墙体已经复制成功,如图7-16所示。

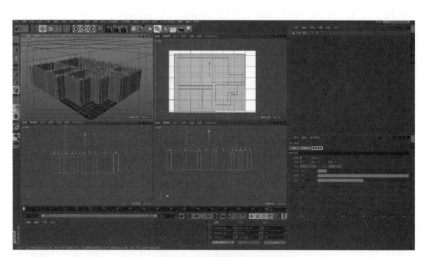

图7-16　墙体复制成功

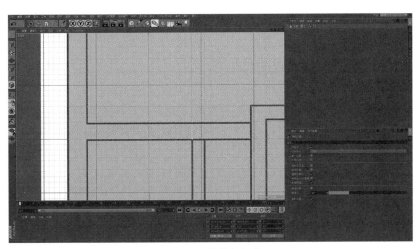

图7-17　修整与细化

STEP3：修整与细化墙面栏

当我们新建墙体后，会发现部分墙体并不是实际所需要的，需要通过手动修整与细化，如图7-17所示，墙体为门洞部分，需要通过布尔工具删除，还有部分墙体需要通过删除面及补面的形式调整。

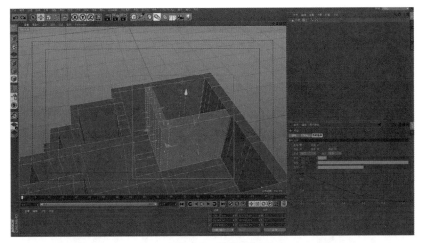

图7-18　拆除墙体

图7-18中的墙体为拆除墙体，首先选中墙体的面，按住键盘上的Delete键进行面的删除。

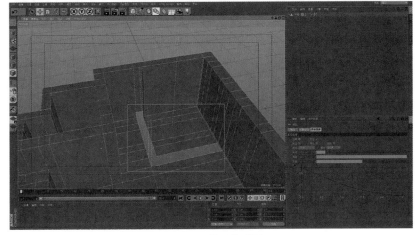

图7-19　模型的破面

从图7-19中发现，被删除面后，模型留下了破面。

选中模型，在点模式下选中
破口包含的点，右键弹出对话
框，选择封闭多边形孔洞选项。
如图7-20所示。

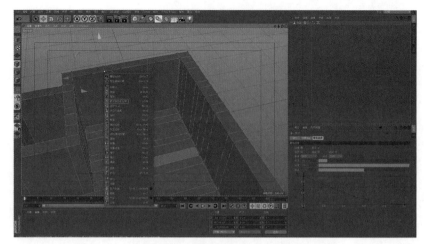

图7-20　选择封闭多边形孔洞

提示
　　封闭多边形孔洞可以分别在点、线、面的层级下完成，实现的效果相同，
在操作上略有不同。

如图7-21所示，此时模型
的破口已经修补完毕了。

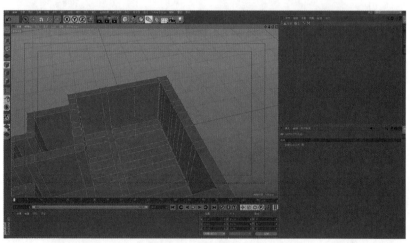

图7-21　破口修补完毕

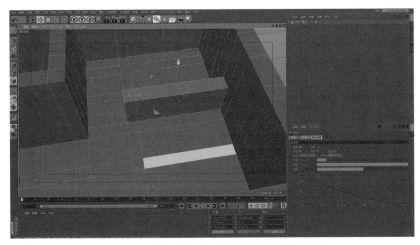

图7-22　用移动复制命令调整制作出需要的墙体

如图7-22所示，用移动复制命令调整制作出需要的墙体，完善细节。

STEP4：门窗孔洞制作

布尔工具： 在顶部工具栏中选中立方体，在场景中拉出一个立方体模型，如图7-23所示。

调整立方体属性，长宽高与参考文件中的门窗孔洞大小一致，调整分段数为1，如图7-24所示。

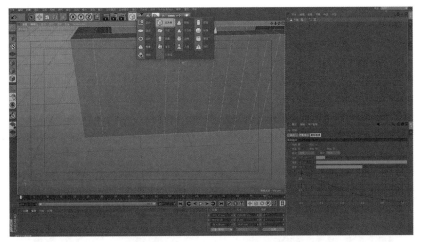

图7-23　拉出一个立方体模型

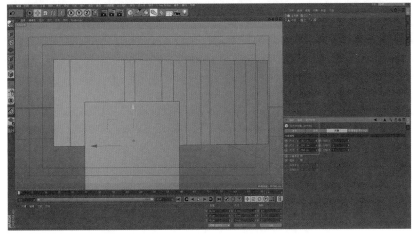

图7-24　调整立方体属性

将需要布尔运算的门窗孔洞
的模型放置到墙体的相应位置，
留出门窗孔洞，如图7-25所示。

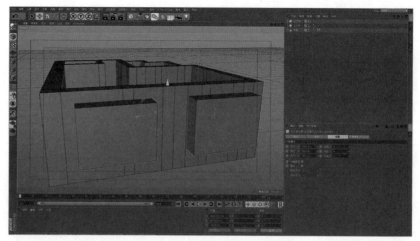

图7-25　将需要布尔运算的门窗孔洞模型放置到墙体的相应位置，留出门窗孔洞

提示
　　做布尔运算的门窗立方体的边界与墙体模型之间的包含关系是用布尔工具
的关键。

布尔运算：点击顶部工具栏
中的实例按钮，在弹出的对话框
中选择布尔，如图7-26所示。

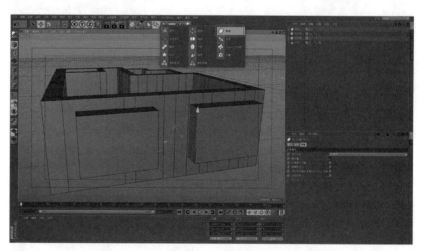

图7-26　选择布尔

138

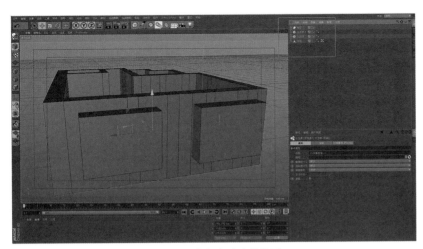

图7-27　布尔未成功的模型

此时我们看到布尔并未成功，模型依旧跟原先一样，如图7-27所示。

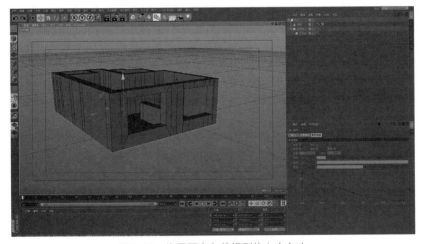

图7-28　将需要布尔的模型拖入布尔中

调整层级关系： 调整右侧模型的层级关系将需要布尔的模型都拖入布尔之中，如图7-28所示。

通过以上的方法与步骤运用，逐步将场景的墙体部分完成。

打开附件中的VR执行程序，观看室内场景、道具等建模物品，利用前面学习的知识，完成模型任务，如图7-29所示。

STEP5：制作UI界面

切换到2D显示模式，添加Image对象，放置在画布右上角，设置其图片为齿轮图案，添加Button组件，使其具有按钮功能，如图7-30所示。

添加Panel对象，在Color属性中，设置其透明度为100，将其放置在画布中央。

在Panel对象下，添加一个按钮，放在Panel对象的右上角，设置其背景色为红色，按钮上的文字为"X"，如图7-31所示。

图7-29　完成模型任务

图7-30　制作UI的设置按钮

图7-31　制作UI界面的Panel面板

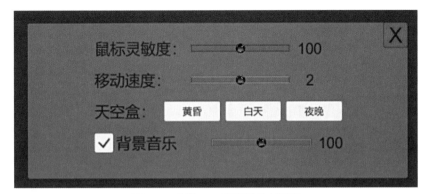

图7-32　制作Panel面板的控制界面

在Panel对象下，使用Text对象、Slider对象、Button对象和Toggle对象，制作调整鼠标灵敏度、移动速度、天空盒和背景音乐设置的UI界面，完成效果如图7-32所示。

STEP6：制作天空盒材质球

创建材质球，将其命名为Skybox1，在检视视图中，将其Shader属性设置为Skybox/6 Sided，分别设置天空盒的上、下、左、右、前、后的6张图片为白天的图片，如图7-33所示。

采用同样的方式，制作黄昏和夜晚的天空盒材质球。

选择菜单Windows→Lighting→Settings，打开Lighting窗口，选择Skybox Material，将天空盒材质设置为Skybox1，如图7-34所示。

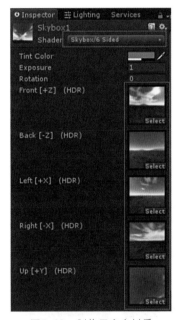

图7-33　制作天空盒材质

图7-34　设置天空盒材质

141

STEP7：创建C#脚本

右键Scripts文件夹→Create→C#Script命令，创建一个名称为CameraMove的C#脚本文件，在CameraMove脚本中定义全局变量如图7-35所示。

使用菜单Assets→Create→C#Script命令，创建一个名称为UIManager的C#脚本文件。在UIManager脚本中定义全局变量，如图7-36所示。

在UIManager脚本中继续编写Start函数，对设置面板的滑块值和文本显示内容进行初始化，代码如图7-37所示。

编写调节鼠标灵敏度和移动速度的函数，具体代码如图7-38所示。

```csharp
//场景中与鼠标灵敏度、移动速度和背景音量有关的脚本
public CameraMove move;
public Slider SensitivitySlider;    //调节鼠标灵敏度的滑块
public Text SensitivityText;    //鼠标灵敏度提示文字
public Slider MoveSlider;        //调节移动速度的滑块
public Text MoveText;            //移动速度提示文字
public Slider MusicSlider;       //调节音量的滑块
public Text MusicText;           //音量大小提示文字
public Toggle MusicToggle;       //背景音乐开关复选框
public GameObject Bg;            //背景（Panel对象）
public Material nightSkybox;     //夜晚材质球
public Material dayskybox;       //白天材质球
public Material duskskybox;      //黄昏材质球
```

图7-35 设置CameraMove脚本中的全局变量

```csharp
public float Sensitivity = 1;    //鼠标控制镜头旋转的灵敏度
public float moveSpeed= 1;       //键盘控制镜头移动的速度
CharacterController cc;           //存储主相机中的角色控制器组件
public bool intheUI;             //控制面板是否打开
public AudioSource bgm;          //存储主相机中的音源组件
```

图7-36 设置UIManager脚本中的全局变量

```csharp
void Start()
{
    float SSValue = move.Sensitivity;    //获取鼠标的灵敏度值
    SensitivitySlider.value = SSValue;   //设置鼠标灵敏度滑块值
    SensitivityText.text = SSValue.ToString("f1"); //在Text对象上显示鼠标灵敏度值

    float moveValue = move.moveSpeed;    //获取移动速度
    MoveSlider.value = moveValue;        //设置移动速度滑块的值
    MoveText.text = moveValue.ToString("f2"); //在Text对象上显示移动速度值

    float musicValue = move.bgm.volume * 100f; //获取和背景音量值
    MusicSlider.value = musicValue;      //设置背景音量滑块值
    MusicText.text = musicValue.ToString("f2"); //Sensitivity显示背景音量值
}
```

图7-37 Start函数初始化

```csharp
public void ChangeSensitivitySpeed()  // 调节鼠标灵敏度
{
    move.Sensitivity = SensitivitySlider.value;
    float temp = SensitivitySlider.value;
    SensitivityText.text = temp.ToString("f1");
}
public void ChangeMoveSpeed()  //调节移动速度
{
    move.moveSpeed = MoveSlider.value;
    float temp = MoveSlider.value;
    MoveText.text = temp.ToString("f2");
}
```

图7-38 调节鼠标灵敏度和移动速度

```
public void ChangeMusicSpeed() //调节背景音乐音量
{
    move.bgm.volume = MusicSlider.value/100f;
    float temp = MusicSlider.value;
    MusicText.text = temp.ToString("f2");
}
public void OpenMusic()  //背景音乐开关
{
    if (MusicToggle.isOn)
    {
        move.bgm.Play();
    }
    else
    {
        move.bgm.Pause();
    }
}
```

编写背景音乐控制的函数，
具体代码如图7-39所示。

图7-39　背景音乐控制

```
public void Night()  //设置天空盒为夜晚
{
    RenderSettings.skybox = nightSkybox;
}
public void Day()  //设置天空盒为白天
{
    RenderSettings.skybox = dayskybox;
}
public void Dusk()  //设置天空盒为黄昏
{
    RenderSettings.skybox = duskskybox;
}
```

编写设置天空盒材质的函
数，具体代码如图7-40所示。

图7-40　设置天空盒材质

```
public void OpenButton()  //设置或关闭按钮，用来显示或关闭设置面板
{
    if (move.intheUI)
    {
        Bg.SetActive(false);
    }
    else
    {
        Bg.SetActive(true);
    }
    move.intheUI = !move.intheUI;
}
```

编写"设置"和"关闭"按
钮函数，用来显示或关闭设置面
板，具体代码如图7-41所示。

图7-41　关闭或显示设置面板

STEP8：进行事件监听

将编写完成的UIManager的脚本文件拖拽到画布Canvas上，在属性面板中，为脚本中的全局变量设置其相对应的对象，如图7-42所示。

选择UI界面上的"设置"按钮的Button组件，点击添加事件监听按钮，将Canvas对象拖拽到对象框，然后在列表中选择对应的OpenButton事件，如图7-43所示。

采用相同的方式，完成UI界面上其它对象的事件监听处理。

选择Panel对象，在检视面板中，将其设置为不可见，如图7-44所示。

图7-42　设置脚本中全局变量对应的对象

图7-43　事件监听代码绑定

图7-44　设置Panel面板不可见

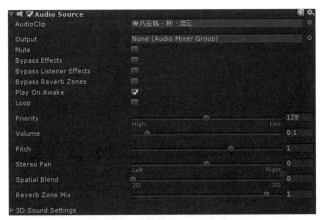

图7-45　给主相机添加Audio Source组件

```
Character Controller
Slope Limit              45
Step Offset              0.3
Skin Width               0.08
Min Move Distance        0.001
Center                   X 0        Y -0.55        Z 0
Radius                   0.4
Height                   1.7
```

图7-46　给主相机添加Character Controller组件

```
public class CameraMove : MonoBehaviour
{
    public float Sensitivity = 1;   //鼠标控制镜头旋转的灵敏度
    public float moveSpeed= 1;       //键盘控制镜头移动的速度
    CharacterController cc;          //存储主相机中的角色控制器组件
    public bool intheUI;             //控制面板是否开启
    public AudioSource bgm;          //存储主相机中的音源组件

    void Start()
    {
        cc = GetComponent<CharacterController>();//获得主相机的角色控制器
    }
    void Update()
    {
        if (!intheUI)   //控制面板没打开的时候，开启漫游功能
        {
            CameraRotate();//开启旋转视角功能
            CameramTranslate();//开启移动漫游功能
        }
    }
    void CameraRotate()//按住鼠标左键旋转视角
    {
        if (Input.GetMouseButton(0))
        {
            float x_off = Input.GetAxis("Mouse X");
            float y_off = Input.GetAxis("Mouse Y");
            transform.Rotate(new Vector3(-y_off * Sensitivity,
                                          x_off * Sensitivity,
                                          0) * Time.deltaTime);
            Vector3 temp = transform.rotation.eulerAngles;
            temp = new Vector3(temp.x, temp.y, 0);
            transform.rotation = Quaternion.Euler(temp);
        }
    }
    void CameramTranslate()//"wsad或小键盘上下左右" 控制镜头移动
    {
        float h = Input.GetAxis("Horizontal");
        float v = Input.GetAxis("Vertical");
        cc.SimpleMove(transform.forward * v * moveSpeed *3f);
        cc.SimpleMove(transform.right * h * moveSpeed*3f);
    }
}
```

图7-47　CameraMove脚本最终参考代码

STEP9：交互功能实现

　　层级视图中选中主相机（Main Camera），在检视视图中通过Add Component给其添加Audio Source组件，并将项目视图中的"八云轨－秒·流云"音频素材拖拽赋值给Audio Source组件中的AudioClip属性值，如图7-45所示。

　　继续通过Add Component给主相机添加Character Controller组件，设置好对应的参数如图7-46所示。

　　项目视图双击打开最开始建立的CameraMove脚本，启动Microsoft Visual Studio脚本编辑窗口开始编写相机漫游和视角旋转功能代码，最终参考代码如图7-47所示。

145

STEP10：发布程序

完成所有的程序逻辑编写后，就可以准备发布程序了。执行菜单File→Build Settings命令，打开Build Settings对话框，选择要发布的平台和需要发布的场景，如图7-48所示。

最终运行的成品截图如图7-49和图7-50所示。

图7-48　Build Settings对话框设置

图7-49　书房运行效果

图7-50　客厅运行效果

小结与训练

小结：

　　本章为全书的一个综合实战案例，介绍了房地产行业的一个虚拟样板间应用的完整制作过程。首先是策划与准备，包括功能策划，模型制作，界面UI制作等，这些准备工作直接影响后面的使用情况，因此各个环节都需要充分地考虑清楚，当然在实际使用时可能会遇到一些无法预测的问题，保存好源文件便于需要时进行修改；对于建模软件制作好的模型导入Unity时，需要注意的是不同的Unity版本对于模型导入后的操作可能会有所区别，贴图文件也需要一并导入资源文件夹中，避免出现贴图丢失的现象。界面UI的搭建环节需要考虑色彩风格一致性、UI元素合理性、操作界面简洁性等。当然最重要的还是交互功能的实现，需要不断测试以达到想要实现的交互效果。另外就是添加其他的一些修饰元素例如天空效果、背景音乐等，完成所有制作后发布导出程序。

思考题：

　　1.本项目中的视角旋转控制方式如何改为按住空格键后划动鼠标来控制视角的旋转？如何添加开关门、开关灯、开关电视等功能？

　　2.如果要在本项目中增加各类材质（地板、墙壁、餐桌）的动态选择替换功能，应如何设计对应的UI？如何编写对应的代码？

训练题：

　　1.在建模软件中设计并完成各类厨具的建模，通过Unity导入并有序摆放在对应的厨房样板间中。

　　2.给镜头漫游添加脚步声。音频资源可来源于网上素材或自己制作完成，导入到本项目中，并设计对应的界面UI来控制脚步声的开关、声音大小的调节和声音快慢的调节等。